国家社科基金项目
"资本市场支持创新与金融供给侧结构性改革研究"（项目编号：18BJY242）
阶段性研究成果

金融支持
创新型中小企业成长研究

Research on the Financial Support for
Innovative Medium and Small-sized Enterprises

黄文青　著

暨南大学出版社
JINAN UNIVERSITY PRESS

中国·广州

图书在版编目（CIP）数据

金融支持创新型中小企业成长研究/黄文青著.—广州：暨南大学出版社，2020.5
ISBN 978 - 7 - 5668 - 2863 - 7

Ⅰ.①金…　Ⅱ.①黄…　Ⅲ.①中小企业—企业发展—金融支持—研究—中国　Ⅳ.①F279.243

中国版本图书馆 CIP 数据核字（2020）第 037281 号

金融支持创新型中小企业成长研究
JINRONG ZHICHI CHUANGXINXING ZHONGXIAO QIYE CHENGZHANG YANJIU
著　者：黄文青

- -

出 版 人：张晋升
责任编辑：曾鑫华　康　蕊
责任校对：刘舜怡　陈俞潼
责任印制：汤慧君　周一丹

出版发行：暨南大学出版社（510630）
电　　话：总编室（8620）85221601
　　　　　营销部（8620）85225284　85228291　85228292　85226712
传　　真：（8620）85221583（办公室）　85223774（营销部）
网　　址：http://www.jnupress.com
排　　版：广州市天河星辰文化发展部照排中心
印　　刷：广州市穗彩印务有限公司
开　　本：787mm×1092mm　1/16
印　　张：15
字　　数：246 千
版　　次：2020 年 5 月第 1 版
印　　次：2020 年 5 月第 1 次
定　　价：45.00 元

目　录

第一章 绪论

第一节 研究背景及意义

随着人类社会发展进入知识经济时代，高科技产业成为带动一个国家经济持续快速发展的强劲动力，因此，发展高科技产业，促进科技成果商品化、产业化，是当今任何一个国家经济快速发展的必由之路。当前，我国正处于加快建设创新型国家和实施创新驱动发展战略的关键时期，科技创新在推动经济转型升级和实现经济可持续发展中的重要地位日益提升。

高科技产业，尤其是新兴高科技产业，在转化技术成果时存在对资金的大量需求。传统金融行业对高科技产业的权益资本融资存在一定的偏见，因而需要不断创新科技与金融的结合机制。在促进科技开发、成果转化和高科技产业发展时，需要一系列创新型的金融工具、金融制度、金融政策与金融服务的支撑。在这种背景下，通过推动科技创新和金融创新的结合，可以使我国走出一条科技资源与金融资源相互对接的新道路，实现我国培育新兴产业、提高自主创新能力的重大战略。然而，无论是宏观层面的科技金融创新机制、服务体系、政府引导和管理、财税制度等问题，还是微观层面的科技金融工具创新，诸如创业风险投资、科技担保、科技贷款、知识产权质押、科技保险、科技信托、科技证券等问题，都还仅停留在政策探索层面，缺乏相应的制度设计与安排。要促进科技金融的结合和发展，并非一个简单的政策导向问题，更是一个制度先行的问题，必须充分意识到相关制度的基础地位和核心作用。

实际上，科技金融的形成与发展是对传统金融方式的一种变革，是在科技创新与金融创新中产生的一种新的制度安排。因此，科技金融的发展离不开国家在制度层面的积极扶持，尤其是为科技金融的发展提供较为完善的制度环境，通过构建较为完善的制度设计以便在制度层面保障和促进科技金融的健康、有序和长远发展。其中，最为重要的是对参与主体及其行为进行规范。因为从科技金融的参与主体的视角来看，科技金融体系是在科技金融环境下，由科技金融需求方、供给方、中介机构、政府和生态环境等科技金融要素构成的综合体。只有完善了各方主体的法律形态、构成要件、职权职责、行为规范等制度，才能让资金有效扶持科技型企业，才能使得金融与科技更有效地结合。

有鉴于此，本书研究的主要目的在于：立足于系统的理论框架，通过对国内外科技金融制度发展经验的借鉴，并结合我国金融支持创新型中小企业发展的实证检验，分析目前我国科技金融在发展中存在的问题，探索未来金融支持创新型中小企业的发展方向和制度设计，加快形成有利于驱动创新经济发展方式转变的金融支持机制，为建立和健全科技金融创新制度提供强有力的智力支持和政策指导。

第二节　国内外文献综述

一、　关于金融对科技创新的支持

在国外，许多经典的经济学理论就讨论过经济发展过程中金融发展与技术进步的关系，提出了金融创新对科技创新的支持理论。约瑟夫·熊彼特（1912）在《经济发展理论》中就强调了银行对创新的重要性。他认为，银行信用为生产要素的重新组合提供了资金支持，功能齐全的银行通过识别和支持那些能够成功开发并商品化、产业化创新产品的企业家来促进技术创新。没有信贷就没有现代工业体系的创立。现代工业体系只有依靠创新才能建立，信贷对于实现创新又至关重要，因为信贷作为首要因素，正是以新组合为契机进入循环流转的。银行信用在创新中的重要作用在于为生产要素的重新组合提供必需的购买力。这种购买力并不是来源于真实票据的贴现和抵押，而是来源于银行的信用创造。由此可见,金融部门引导了产业部门并激发了技术创新行为和企业家精神。[①] Goldsmith (1969) 研究了金融机构在墨西哥经济发展中的作用。他认为,由于金融机构为工业部门提供中期技术贷款 (5~10 年) 及赞助创新,金融机构 (尤其是国有金融机构) 在墨西哥快速工业化过程中起着至关重要的作用。Saint-Paul (1992) 认为,金融市场通过为经济主体从事风险和生产率水平均较高的创新活动提供必要的保障来促进技术进步和经济发展。Stulz (2000) 认为,通过对创新项目的监控,银行能够较可靠地根据项目进展及其资金需求情况为创新项目提供额外的资金支持,因此银行在为需要分阶段融资的创新活动提供外部融资方面更为有效。Gerard 等人 (2003) 认为,开发性金融机构通过提供具有吸引力的筹资选择和相关支持,提高了新兴经济体国家企业的技术吸收能力和国家创新能力。Aghion 等人 (2005) 构建了金融发展与研发的内生增长模型,证实了技术创新以及经济增长率依赖金融深化的程度。[②] Canepa 等人 (2008) 根据欧盟创新调查数据进行的实证研究发现,金融资本和信贷等要素有利于促进企业创新的能力提升,并且这种促进效应在高新技术企业中更为显著。[③] Alessandra 和 Stoneman (2008) 采用欧盟第二轮和第三轮创新共同体调查数据分析了金融在英国创新活动中的作用。研究表明,金融对创新活动具有重要影响,尤其是高新技术产业和规模较小企业的创新活动。Luigi、Fabio 和 Alessandro (2008) 运用 20 世纪 90 年代意大利企业创新的数据研究了地方银行的发展对企业创新活动的影响。研究表明,银行的发展影响了企业,特别是拥有高科技行业、对外部资金依赖程度较高行业的企业以及小企业的工艺创新,并且银行的发展降低了企业因资本支出所带来的现金流的敏感度,提高了企业参与研发的积极性。当然,基于金融市场的风险分散功能,Weinstein 和 Yafeh (1998)、Morck 和 Nakamura (1999) 认为,由于银行遵循稳健经营原则,银行作为债权人在进行信贷投资时将表现出其内在的厌恶和回避风险本性,这将导致那

---

① 约瑟夫·熊彼特. 经济发展理论 [M]. 何畏, 易家详, 译. 北京: 商务印书馆, 2000.

② AGHION P, HOWITT P & MAYER-FOULKES D. The effect of financial development on convergence: theory and evidence [J]. Quarterly journal of economics, 2005 (120).

③ CANEPA A & STONEMAN P. Financial constraints to innovation in the UK: evidence from CIS2 and CIS3 [J]. Oxford economic papers, 2008 (60).

些创新程度较高、效益较高但风险较大的项目往往难以获得银行信贷的支持。[①]

在国内，李松涛等人（2002）和吕光明、吕珊珊（2005）认为，技术创新存在自主创新和模仿创新两种模式，而金融体系也可以划分为"基于关系的体系"（以银行为中心的金融中介体系）和"基于法律的体系"（以证券市场为中心的金融市场体系）两种类型。技术领先者多倾向于以直接融资为主的金融支持模式，而技术追赶者则多倾向于以银行信贷资金支持为主的间接融资支持模式。辜胜阻、洪群联和张翔（2007）认为，创新的层次性和阶段性及企业所具有的不同规模和生命周期，决定了为企业技术创新提供融资支持的资本市场必然是一个多层次的资本市场。李坤、孙亮（2007）认为，开发性金融能有效地将中小企业与资本市场连接起来，既可解决中小企业资金短缺问题，还能提高其技术创新能力，改善经营管理，对中小企业的发展有很大的促进作用。李志辉、李萌（2007）认为，中小企业融资的开发性金融支持模式能够使中小企业获得潜在外部利润，扩大中小企业融资的可能性边界，减轻融资双方的信息不对称程度，从而缓解中小企业的融资困境。基于产业生命周期理论，李悦（2008）指出，金融市场在支持创新性产业成长和处于生命周期初级阶段的新兴产业融资方面具有优势，从而在技术创新的长期阶段具有优势，能够促进产业结构处于较好的动态优化状态，而银行中介在学习和推广成熟产业技术方面效率更高。郑婧渊（2009）就金融对高科技产业的作用进行分析，阐述了金融在高科技产业发展中的重要地位，发展高科技产业需要通过对金融政策、信贷支持、证券融资等金融手段的运用，为其顺利发展提供坚实的经济基础。赵昌文、陈春发和唐英凯（2009）认为，金融体系在一定程度上可以为科技创新提供强有力的手段和渠道，特别是针对一些创新风险的防范。科技创新具有一定的流动性风险或者收益性风险，由于其自身的不稳定性，导致最终的成功与否其实是很不确定的。而金融体系自身的流动性在一定程度上能够成为一种强有力的便利条件，特别是对投资项目来说，金融体系能够有利于资本的形成或者资源的配置，这样才能够从根本上促进技术的整体创新。凌江怀等人（2009）认为，科技创新对经济

[①] 邓平．中国科技创新的金融支持研究［D].武汉：武汉理工大学，2009.

发展贡献巨大，而金融约束阻碍了科技创新活动的开展，只有通过金融支持才能为科技创新提供充足的资金。在金融约束长期存在的条件下，需要构建金融对科技创新的政策性金融支持路径、信贷融资支持路径和直接融资支持路径，为科技创新提供多元化、多层次的金融支持。薛澜、俞乔（2010）认为，金融市场的发展，可以说也经历过漫长的发展阶段，而金融自身在一定程度上可以通过其资产组合，对创新项目的收益性风险进行一定程度的分散或者划界，这样才能够最大限度地保证社会对创新活动的有效投资，从而为科技创新项目的长期稳定发展提供强有力的保证。正常情况下来说，专业性比较强的技术，在一定程度上其自身也相对呈现比较大的收益性波动。而很多投资者为了能够最大限度地将这些风险进行相应的规避，在选择的过程中，大多数都会选择一些风险性比较小，并且其自身的专业性比较弱的技术，这样在一定程度上能够避免出现一些投资不足的现象。房汉廷（2010）认为，金融体系在实际的操作过程中，大多数都是通过发挥金融的中介功能，在一定程度上利用信息的优势，不仅能够最大限度地降低信息的成本，而且能够推动科技创新的发展。金融中介在实际的操作过程中，通过其自身的功能，对信息的获取或者处理都能够有效合理地进行，这样能够给创新能力比较强的企业提供相应的资金支持，从而从根本上提高其自身的技术创新效率。[1]

可见，现有关于金融创新影响科技创新的文献主要集中在金融安排与科技型企业的融资、金融制度与科技创新发展两个方面。学者们对金融支持科技创新的积极作用这一命题已经能够达成共识：金融通过支持企业技术创新，在推动高新技术产业发展等方面带动了相关产业的发展，并通过技术的扩散、渗透与诱导方面的作用，实现技术变革的目的。在金融安排与科技创新方面，政策性金融、商业银行、资本市场等金融安排形式的创新为处于不同发展阶段、不同发展类型的科技创新提供资金，解决了科技创新的融资问题，是科技创新发展的动力基础。金融安排为技术创新提供资金支持的渠道主要有三种：一是金融机构贷款、信用担保等间接金融支持；二是股票融资、债券融资、基金融资、风险投资等直接金融支持；三是政府财政资金支持。[2]

---

① 房汉廷. 关于科技金融理论、实践与政策的思考［J］. 中国科技论坛，2010（11）.
② 童藤. 金融创新与科技创新的耦合研究［D］. 武汉：武汉理工大学，2013.

二、 关于科技创新对金融的促进

阿瑟·刘易斯（1954）在他的论文《劳动无限供给条件下的经济发展》中指出，"技术知识迅速增长的社会，比技术停滞的社会提供了更有利的投资出路，并且能使资本进入生产渠道"。科技型企业，不同于传统企业实物资产和资源投入增长的模式，其以科技创新为主要生产要素和竞争点，生产效率和未来成长性较高，对于投资的增值幅度具有相对大的拉动作用。因此，为了追求更高的资本利得，金融必然追逐科技创新给予企业的高增值性和成长性，并为金融介入科技和产业提供渠道，进而在一定程度上为金融的发展提供更为广阔的空间。① 卡萝塔·佩蕾丝（2007）在《技术革命与金融资本》中提出了技术创新与金融资本的基本范式，即新技术早期的崛起是一个爆炸性的过程，经济在此时出现极大的动荡和不确定性。在高额利润的刺激之下，风险资本家不断投资新技术领域，金融资本与技术创新达到高度耦合，技术创新的蓬勃发展与金融资产的几何增长速度同时出现。② Revilla 和 Fernbndez（2012）研究认为，信息技术的不断进步对金融业务的创新起推动作用，信息通信技术通过生产重组和技术进步促进了资本深化。

刘玉忠（2003）认为，科技创新与金融创新的结合，促使优良科技资源激活金融资本，金融资本催生优良科技资源。姚战琪、夏杰长（2007）认为，科技创新促进金融创新主要体现在：一是科技进步促进了创新型金融工具与服务的出现；二是金融服务外包改变了金融业的生产方式和经营体制；三是高新技术促使金融市场竞争的加剧，导致了金融机构创新与金融工具创新；四是互联网技术导致的金融机构创新和金融品种创新。王伟志（2007）认为，电子商务的发展对我国的金融创新，特别是证券业的金融创新，影响巨大，完善了电子支付体系、加强了银行业与证券业的合作、促进了证券业内部创新等。鲍钦（2008）认为，在金融产品创新方面，积极采用最新的信息科学技术发展成果，金融企业可以设计出更复杂的金融产品，并进行有效的风险管理，从而为商业银行创利。曹东勃、秦茗（2009）从技术—经济范式的演

---

① 阿瑟·刘易斯. 经济增长理论［M］.周师铭，沈丙杰，沈伯根，译. 北京：商务印书馆，2009.

② 卡萝塔·佩蕾丝. 技术革命与金融资本［M］.田方萌，译. 北京：人民大学出版社，2007.

进模式出发，指出技术创新为金融创新提供利润空间，金融创新为技术创新提供资金支持，金融创新与技术创新始终是相互依存的。唐智鑫、管勇（2011）通过分析物联网技术与银行业金融创新在新时期的关系，探讨物联网技术推动金融创新的优势、劣势及存在的问题，为我国银行业发展与改革提供参考。彭凤、马光悌（2011）认为，随着技术的不断创新与证券业务越来越紧密的整合，科技的力量在证券业的应用将越来越广泛和深入，同时技术的创新也会不断促进证券产品及服务的创新。段世德、徐镟（2011）认为，科技金融是促进科技创新和推动科技成果产业化的重要力量，要推动我国战略性新兴产业的快速发展和实现经济结构转型，需要将同质的金融资源与异质的科技创新相结合，使传统金融向现代科技金融转变。①

可见，学者们都认识到，科技创新对金融创新的反馈主要集中于高科技的不断创新和运用对银行等金融机构的业务形式创新及金融市场产品创新的影响上。科技创新为金融业的发展提供了物质载体和依托空间，现代金融的实现其实已更多地依托于互联网和现代信息技术，甚至可以说没有科技进步就没有所谓的现代金融。

三、 关于科技金融创新的制度保障

在国外，经济学家很早就认识到了法律的重要性。Bagehot（1873）论证了治理资本市场的法律具有经济意义，注意到资本形成的法律与经济增长之间有着明显的关系。但利用统计学、计量经济学方法对法与金融进行系统论述的文献，直到 20 世纪 90 年代才出现。La Porta、Lopez - de - Silanes、Shleifer 和 Vishny（1998）开创了系统研究法与金融的先河，他们四人成了法与金融观的创始人。在 1998 年发表的论文里，他们作出的贡献主要包括：一是按起源把世界各国的公司法和商法区分为四种类型——普通法系、法国式大陆法系、德国式大陆法系和斯堪的纳维亚国家法律体系；二是创建了分别反映股东权利、债权人权利与法律实施质量的指标；三是把前两者结合起来，发现不同法律起源的国家在以上三个指标方面存在显著的差距。② 美国经济学家罗伯

① 童藤. 金融创新与科技创新的耦合研究［D］. 武汉：武汉理工大学，2013.
② 谈儒勇. 法与金融：文献综述及研究展望［J］. 上海财经大学学报，2005（5）.

特·M. 索洛在深入研究技术进步对经济增长的作用时，开展了对技术创新中政府干预作用的研究，提出当市场对技术创新的供给、需求等方面出现失效，或技术创新的资源配置不能满足社会经济的发展需要时，政府应当采取金融、税收、法律等间接宏观调控手段，对技术创新活动进行干预，以提高其在经济增长中的带动作用。[①] 约瑟夫·E. 斯蒂格利茨（1999）认为，政府在高新技术企业融资过程中担负着重要作用。他指出，科学技术具有公共产品属性，而根据经典经济学理论，市场在配置公共产品方面的效率有时是较低的，甚至是失灵的，其突出表现形式之一就是科学技术创新收益在市场主体之间分配的失衡。对此，斯蒂格利茨给出的对策是政府对该市场应积极干预，制定相应的技术创新激励政策、补贴政策、金融税收政策等。[②] Hyytinena 和 Toiv-anen（2005）认为，资本市场不完善阻碍了创新和经济增长，但公共政策可以弥补资本市场不完善的不足。

黄刚、蔡幸（2006）通过对某些发达国家以及新型经济发展国家和地区支持高新技术企业发展的金融制度和政策的对比研究表明，以高新技术企业政策性贷款机构为核心，构建政策性担保机构、风险投资基金和证券市场等多元化、多层次的融资体系，是解决科技金融创新问题的主要途径之一。周新玲（2006）认为，在科技金融创新中，融资难是主要制约因素，要破解融资难的问题，关键是要以政府性基金为主导，完善财政性融资机制，健全金融性融资机制，构建补充性融资机制，形成政府推动与市场运作相结合的多元化的自主创新融资新格局。王华（2007）认为，通过建立政策性金融支持体系对中小企业融资缺口进行弥补，可以将政府行为对市场效率的破坏降到最低限度，同时体现政府对经济的适当干预。黄国平、孔欣欣（2009）认为，从增强科技创新的角度，国家有必要建立促进科技创新的金融支持体系，完善政策性制度安排，拓宽融资渠道，弥补筹资缺口，化解和规避创新风险。这是提高我国自主创新能力在金融领域的一项战略性举措。[③] 赵昌文、陈春发和唐英凯（2009）认为，在科技金融发展中，制度提供一种结构和一套行为

① 罗伯特·M. 索洛. 经济增长理论：一种解说 [M]. 朱保华，译. 上海：格致出版社，2015.

② 约瑟夫·E. 斯蒂格利茨. 作为全球公共物品的知识 [M] //胡鞍钢. 知识与发展：21 世纪新追赶战略. 北京：北京大学出版社，1999；约瑟夫·E. 斯蒂格利茨. 知识经济的公共政策 [M] //胡鞍钢. 知识与发展：21 世纪新追赶战略. 北京：北京大学出版社，1999.

③ 黄国平，孔欣欣. 金融促进科技创新政策和制度分析 [J]. 中国软科学，2009（2）.

规则，通过创设一定的平台和机制，使科技金融的所涉主体获得一种合作的契机，或提供一种能影响各主体行为发生改变的机制。制度具有根本性、全局性、稳定性和长期性的特点，在保障科技金融发展方面，充分发挥制度的重要作用实属必要，有效的制度安排可以在科技创新投入体系中起到积极的引导、激励和保障作用。① 李星（2010）认为，金融业的发展史，本质上就是一部金融创新的发展史，也是金融法律制度的发展史。回顾金融业的发展历程，金融创新在推动资源配置、促进金融繁荣的同时，也带来了不可避免的金融风险，威胁着整个行业的金融安全，进而危及国家的经济安全。因此，与之相配套的制度供给需求始终是金融监管法律制度发展的动力，对金融创新的法律监管也贯穿了整个金融发展史。② 周昌发（2011）认为，制度安排对科技金融发展具有弥补市场机制不足、促进资源与要素有效整合、推进科技型企业发展壮大、推动经济跨越式发展等功能。目前我国科技金融发展的保障机制还存在制度系统性差、层级较低、法律不完善等不足之处。科技金融要得以快速、稳定发展，须突破一些不利于创新的政策性和制度性障碍，建立有效的保障机制，如出台促进科技金融发展条例、完善风险投资法律制度等。③ 崔兵（2013）认为，科技金融发展依赖于科技资源与金融资源的相互融合，无论在需求追随型还是供给主导型的科技金融发展模式中，政府都具有不可或缺的作用。政府并不仅仅是科技金融发展中市场失灵的矫正者，而是作为一种制度安排的市场的基本构成要素。④ 饶彩霞、唐五湘和周飞跃（2013）认为，我国已经基本形成了一个科技金融政策体系，包括财政科技投入政策、科技贷款政策、风险投资政策、科技资本市场政策、科技保险政策、科技担保政策，同时，在科技开发、科技成果转化、高新技术产业发展方面取得了一定成效。但在以下方面仍有不足：缺乏科技金融核心目标，导致科技金融政策缺乏合力；政出多门，导致各项科技金融政策之间存在不协调现象；科技金融环境政策不健全，导致科技金融的风险过高；科技金融市场化政策不健全，导致金融支持的动力不足。⑤ 封北麟、何利辉（2014）认为，

① 赵昌文，陈春发，唐英凯. 科技金融 [M]. 北京：科学出版社，2009.
② 李星. 论金融创新的法律监管——在效率与安全之间均衡 [J]. 金融法学家，2010（2）.
③ 周昌发. 科技金融发展的保障机制 [J]. 中国软科学，2011（3）.
④ 崔兵. 政府在科技金融发展中的作用：理论与中国经验 [J]. 中共中央党校学报，2013（4）.
⑤ 饶彩霞，唐五湘，周飞跃. 我国科技金融政策的分析与体系构建 [J]. 科技管理研究，2013（20）.

科技与金融的深度融合，需要借助"政府有形的手"，引导金融资本助力科技创新与应用，培育和形成自我驱动的科技金融市场。这主要包括：构建、完善"三位一体"的科技金融体系，明确财税政策的支持重点；加强科技金融发展的组织领导，构建政府部门与科技型企业、金融机构沟通协作机制；加大财税支持力度，培育和发展多层次科技金融资本市场等。[①] 缪因知（2015）认为，法律对金融的影响机制指向投资者保护程度，其具体机制有三：①内在的公司治理；②外在的通过法院的司法被动保护；③国家的主动干预。第一种机制由于仍然依赖法院而难以自足，故相对不重要；后两种机制的意义较大且与一国法系渊源关联密切。法系渊源会深刻影响国家机构的组织方式及权力运作方式。相对而言，普通法传统可能更有利于金融发展。因为其司法能动性有利于灵活保护投资者、惩戒新型不当行为，较强的司法独立也有助于减少不必要的国家干预。而大陆法系特别是法国式大陆法系其司法机构较弱，国家干预过多，会对金融发展产生不利影响。虽然法系渊源并不意味着决定性的出身论，但人们应以此为鉴，进行相应的法律改革，如减少对金融市场的国家干预，增强法院在金融市场中的作用。[②] 薛莉和叶玲飞（2016）提出，要充分尊重与发挥政府、银行、风险投资、资本市场四部门在各阶段的异质性作用，构建以政府为主导、银行为主体、风险投资与资本市场为补充的科技金融体系。[③] 韩俊华等人（2016）从科技型小微企业的视角，分析了政策性金融的引导机制、激励机制和运行机制，提出设立科技型小微企业局、完善政策性信用担保、发展互联网金融等对策。[④] 温小霓和张哲（2017）基于系统动力学模型，研究了科技金融支持科技发展的情况，结果表明公共科技金融相较于市场科技金融对科技发展的支持作用更明显。[⑤]

上述研究从多视角探讨了科技金融创新的制度保障问题，但存在以下不足：第一，少见从制度的视角切入对科技金融创新进行研究，更缺乏对科技金融创新制度保障这一问题进行系统全面的研究；第二，比较忽视科技金融

---

① 封北麟，何利辉. 我国财税支持科技金融发展政策研究 [J]. 宏观经济管理，2014（4）.

② 缪因知. 法律如何影响金融：自法系渊源的视角 [J]. 华东政法大学学报，2015（1）.

③ 薛莉，叶玲飞. 双阶段视阈下科技金融体系的异质性解构 [J]. 江苏社会科学，2016（4）.

④ 韩俊华，王宏昌，韩贺洋. 科技型小微企业政策性金融支持研究 [J]. 科学管理研究，2016，34（6）.

⑤ 温小霓，张哲. 基于系统动力学的科技金融支持科技发展研究 [J]. 科学管理研究，2017，35（5）.

创新制度的立法背景、立法模式、规范体系、实施和应用效果等，缺乏有针对性的实证分析。

四、 关于创新型中小企业融资

中小企业，尤其是创新型中小企业，是世界各国经济发展的主要动力，是各国创新体系中最具活力、最有效率的部分。科技金融最主要的任务是解决高科技中小企业的融资问题。对此，国内外许多学者进行了卓有成效的研究。

Hodgman（1960）认为中小企业多属信贷历史较短的企业，信贷的历史信用不足，从而得出中小企业必然面临银行的信贷约束的结论。[1] Stiglitz 和Weiss（1984）通过信贷配给理论做了较好的解释，他们认为企业与银行之间存在信息不对称的问题，只有企业即融资方自身能够完整地了解项目的风险，银行作为资金借出方只能在融资方提供相关信息的基础上对融资方进行风险评估，简单地依靠调整利息的方法来控制，银行会面临逆向选择的问题，最终出现风险事件。他们的 S—W 模型分析认为，信息不对称问题在中小企业中普遍存在，从而导致银行贷款规模不再是利率的函数，造成中小企业信贷配给控制，减少资金支持。[2] Meyer（1988）认为，中小企业所在地区金融业繁荣度与其贷款难易度成反相关，在金融发达区域比在周边的融资成本高。Diamond（1989）认为，信誉机制的形成和逐步演化对于信贷市场上不同风险借贷对象的区分至关重要，强调信贷市场上的逆向选择对企业信贷约束的影响。[3] Dewatripont 和 Maskin（1995）认为，银行对中小企业信贷会产生"预算软约束"问题，使得银行更趋向于"大客户"的业务。[4] Jayaratne 和 Wollken（1999）的实证研究发现，银行规模与企业规模一般是相匹配的，即规模较大的银行一般只服务于大企业，不会考虑提供贷款给中小企业，而小银行

　　① HODGMAN D. Credit risk and credit rationing［J］. Quarterly journal of economics，1960，74（2）.

　　② STIGLITZ J & WEISS A. Informational imperfections in the capital market and macroeonomic fluctua-tions［J］. American economicr eview，1984，74（2）.

　　③ DIAMOND D W. Reputation acquisition in debt markets［J］. Journal of political economy，1989，97（4）.

　　④ DEWATRIPONT M & MASKIN E. Credit and efficiency in centralized and decentralized economies［J］. Review of economic studies，1995，62（4）.

比大银行更倾向于为中小企业服务。小银行对所在地区内数量众多的中小企业的经营管理和资信状况比较了解，而且容易建立起持续的信息积累。Latimer Asch（2000）认为，科技型中小企业通常被信贷机构所忽视。一个原因是为大型企业贷款，银行和其他金融机构通常有利可图，但为科技型中小企业贷款的成本较高，因其所需资金规模较小，小到甚至可能使贷款的边际收益为零。此外，另一个原因是科技型中小企业的高风险和高失败率是风险厌恶型银行无法接受的。① 德国学者 Harhoff 和 Krting（1998）的实证研究发现，银行与企业间的借贷持续时间与企业贷款的可得性变量呈正相关。德国的大部分中小企业与一两家银行建立了长期的借贷关系，从这一两家银行获得的贷款额占其贷款总额的 2/3 以上。Hang（2013）认为，中小企业相较于大型企业，普遍缺少有价值的抵押物，信息透明度很低，造成银行与企业信息严重不对称，银行和信贷配给政策对中小企业控制严格，需要通过发展金融行业来提高金融行业分配效率，降低贷款人与银行之间的信息不对称程度，建立体系帮助投资者评估项目，降低中小企业融资难度。②

林毅夫、李永军（2001）认为，金融机构为不同类型企业提供的服务成本和效率不同，大型金融机构天生就不适合作为中小企业融资服务的供给方，特别是科技型中小企业。因此，可以通过开放中小金融机构，引入民营资本促进其改革发展，有效解决科技型中小企业融资难的问题。③ 李扬、杨益群（2001）认为，中国中小企业的金融压抑除了来自金融交易中普遍存在的信息不对称等因素造成的市场失效以外，还受到转型经济所特有的制度障碍和结构缺陷的影响。④ 王竞天（2001）认为，科技型中小企业技术创新的障碍性因素是多方面的，其中融资制度安排低效无疑是一个巨大的障碍。融资倾向于内源化，市场化水平不高，融资渠道单一，融资社会化程度低，突出表现为社会信用制度不健全，融资中介机构不规范，融资担保体系不完善。⑤ 马方方（2001）认为，从本质上看，中小企业融资的

---

① 梁莱歆，官小春，智力资本计量方法综述——兼论高科技企业智力资本的计量［J］.科学学与科学技术管理，2004，25（4）.

② 江猛. 我国科技型中小企业融资难的现状及对策探讨［J］.北京金融评论，2014（2）.

③ 林毅夫、李永军. 中小金融机构发展与中小企业融资［J］.经济研究，2001（1）.

④ 李扬，杨益群. 中小企业融资与银行［M］.上海：上海财经大学出版社，2001.

⑤ 王竞天. 中小企业创新与融资［M］.上海：上海财经大学出版社，2001.

困境就是一种金融制度运行的困境。① 周兆生（2003）也认为，中小企业融资难本质不是技术上的原因，而是制度上的原因。② 刘曼红（2006）认为，多层次资本市场可以作为风险投资的退出通道之一，有利于调整和优化企业融资结构。因此，完善多层次资本市场体系可以较好地解决科技型中小企业融资难的问题。邵兴忠（2004）认为，我国大型国有银行对中小企业融资存在歧视，它们着力解决的是大型国企的融资需求。李娟（2006）认为，由于中小企业规模限制以及融资过程中的信息不对称，导致了中小企业融资市场失灵，虽然政府直接或间接对中小企业进行政策性扶持，但目前的扶持体系还存在着管理混乱、效率低下等问题。同时，我国包括信用担保机构、信用评估机构等在内的中介服务机构也发展缓慢，缺乏权威性企业信用评估机构，银行根据自行建立的企业信用评估系统为中小企业发放贷款，而在这个企业信用评估系统中，如"经营规模"这样的中小企业最薄弱的环节被赋予很高的权重，这使中小企业信用等级低，难以获得银行支持。③ 汤继强（2008）以中小企业生命周期理论为依据，提出企业可通过内源融资，在政府资金支持下的风险投资，股权、债权并举的融资，及企业股份制改造上市为组合的融资梯度模型，为科技型中小企业缓解融资难的问题。陈云（2010）认为，虽然中国科技型中小企业的整体素质和对GDP的贡献率不断提高，但其资金的供需矛盾长期存在，在相当长一段时间内会成为其发展瓶颈。解决这个问题的关键在于营造有信用的社会环境，提升企业的信用水平。谭海燕（2014）认为，信贷保证保险实际就是为企业贷款做信用增级，此举意义在于增大银行贷款安全系数和风险防控能力，增强中小企业融资能力，分散贷款风险。杨侦（2014）认为，资金是科技创业的核心要素，科技创业资金的来源主要包括自筹资金、天使投资、风险投资、典当投资、熟资信贷和政府基金。李启才、顾孟迪（2014）认为，科技型中小企业的融资特点表现为资金总需求量大，各个发展周期需持续融资，资金需求、融资方式、风险和收益各不相同。创新研发初期投入大、不确定性高，因此投资风险高。冯雷（2015）认为，快速、健康地发展担

---

① 马方方. 中国民营经济融资困境与金融制度创新［J］. 经济界，2001（3）.
② 周兆生. 中小企业融资的制度分析［J］. 财经问题研究，2003（5）.
③ 李娟. 政府扶持体系与中小企业融资问题［J］. 特区经济，2006（2）.

保体系，能够为解决中小企业融资困难创造有利条件，但同时存在信用担保业监管体系亟待完善、信用担保机构杠杆作用发挥有限、信用担保业所在地区之间发展不平衡、信用担保机构风险防控机制有待加强等问题。

总体来看，国外中小企业融资的研究成果相对丰富。学者们一般认为，科技型中小企业受制于资金问题，影响其正常发展，必然阻碍科技创新发展的进程，需要在体系建设、融资模式、政府支持等方面进行完善。我国国情造成了中小企业的多样性和复杂性，不少学者提出了有益的见解，为解决我国中小企业融资难的问题找到了一些切实可行的办法和途径，但未能形成完整的理论体系。很多研究缺乏完整性和系统性，需要在梳理和归纳这些研究文献的基础上，系统分析中小企业融资困境的成因，并提出具备适用性、系统性和有效性的政策措施。

第三节　主要内容与研究方法

一、　主要内容

本书的内容主要有八部分：一为绪论；二为金融支持创新型中小企业成长的理论基础；三为金融支持创新型中小企业成长的机理分析；四为金融支持创新型中小企业成长的国际经验与启示；五为我国金融支持创新型中小企业发展的现状分析；六为金融支持创新型中小企业成长的实证检验；七为金融支持创新型中小企业发展制度设计的总体构想；八为金融支持创新型中小企业发展的具体制度设计。

第一章，绪论。本章主要介绍有关金融支持科技创新的研究背景，国内外学术界的研究状况、结构体系以及主要体现。本章的写作目的在于对全书的论述进行总体上的描述，为全书的展开做铺垫。

第二章，金融支持创新型中小企业成长的理论基础。本章主要介绍熊彼特创新理论、新古典经济增长理论、金融结构理论等，并对这些理论的有效性和发展状况进行评析。本章的写作目的在于揭示金融与科技创新互动的深层动因，为研究金融支持创新型中小企业的相关问题提供理论基础。

第三章，金融支持创新型中小企业成长的机理分析。本章从创新型企业的金融需求特征与规律的角度，着重分析了金融支持创新型企业成长的主要方式与渠道，从而揭示金融支持创新型企业成长的内在机制。

第四章，金融支持创新型中小企业成长的国际经验与启示。本章首先回顾了国外金融支持中小企业科技创新的模式和经验，基于国外的实践分析其对金融支持创新型中小企业发展的借鉴与启示。

第五章，我国金融支持创新型中小企业发展的现状分析。本章首先回顾了我国金融支持创新型中小企业的发展历程，进而探讨我国金融支持创新型中小企业发展的实践和成效以及存在的问题。

第六章，金融支持创新型中小企业成长的实证检验。本章主要采用实证分析的研究方法，从融资规模和融资结构两个维度对金融支持科技创新型中小企业成长的影响进行实证检验。本章的写作目的在于对金融支持创新型中小企业成长的作用进行考证，从实证的层面来探讨金融对科技创新的影响。

第七章，金融支持创新型中小企业发展制度设计的总体构想。本章首先分析了制度保障的重要性及其价值取向，并在比较各种科技金融模式的基础上，提出了构建我国金融支持创新型中小企业发展制度设计的基本原则、整体思路、具体内容、制度创新与安排等初步构想。

第八章，金融支持创新型中小企业发展的具体制度设计。本章提出了我国金融支持创新型中小企业发展的制度设计，主要包括构建支持创新型中小企业的金融法律法规体系、金融管理体制、金融创新体系、风险投资体系、科技资本市场体系、市场服务体系六个方面。

二、　研究方法

本书在写作的过程中主要运用历史分析、定性与定量相结合、实证与规范相结合以及比较分析等研究方法，以便能够对该领域的相关问题有全面而深入的论证。

（一）历史分析的方法

科技金融制度虽然是新的事物，但也有其历史发展轨迹，处在不停的运动中。科学的研究方法必然不能否定对相关历史的研究，找出历史的规律性联系。因此，有必要从历史发展的视角来阐释科技金融制度的发展规律。本书运用历史分析的方法对科技金融制度的变迁和发展进行了分析。

（二）规范分析的方法

规范分析方法强调制度选择的价值偏好，论证制度应该是一种什么样的设计和安排，给现行制度的完善与创新提出了目标和方向。对问题的研究离不开规范分析，这是学术研究中的基本方法之一。本书对现行科技金融制度进行解释或类推，以填补制度漏洞，使制度更加具体化，以适应时代发展的需要。

（三）比较分析的方法

从横向来看，科技金融制度在不同国家或不同法系会有差异，对不同国家或地区的相关制度进行比较，了解他们的异同，是十分必要的。运用此方法是分析科技金融制度必不可少的。通过比较分析方法，我们可以对中外科技金融制度的异同进行辨别，找出这种差别的制度性背景原因，探讨借鉴外国相关制度的可能性与现实性。

（四）系统论的方法

任何一种制度，都处在一个社会系统中，其演变发展与相关制度的相互作用分不开，其演变发展是多种因素共同作用的结果，因此，必须运用系统论的方法，多层次、全方位进行研究，才不至于偏颇和顾此失彼。

（五）跨学科的综合法

科技金融是一个较为复杂的社会现象，不仅金融学对其予以关注，法学、经济学、管理学、社会学等学科亦有所关注，学者们纷纷在各自领域内对这一问题进行了不同层面的研究，得出了一系列有价值的结论。本书虽聚焦科技金融，主要依据金融学的一般原理，但还是广泛吸收和借鉴了法学、经济学、社会学、管理学等其他学科的研究成果。

第四节　有关概念的界定

本书中有一些概念没有被现有文献准确界定，因此，有必要对这些概念进行扼要的说明和界定。

一、科技金融

"科技金融"一词在我国最早出现在深圳，是科技与金融的合称。1992年，中国科技金融促进会成立。之后，"科技金融"的提法在政府部门频繁使用，促进科技金融发展也就成为建设创新型国家的重要组成部分。《中华人民共和国国民经济和社会发展第十二个五年规划纲要》第二十七章"增强科技创新能力"中明确提出"强化支持企业创新和科研成果产业化的财税金融政策，加大政府对基础研究的投入，推进重大科技基础设施建设和开放共享，促进科技和金融结合"。但是，其后相当长的时间内，我国金融界与学术界对"科技金融"缺乏一个明确完整、科学的定义。[①]

赵昌文、陈春发和唐英凯（2009）第一次较为完整地给出了"科技金融"的定义，认为"科技金融是促进科技开发、成果转化和高新技术产业发展的一系列金融工具、金融制度、金融政策与金融服务的系统性安排"，在这个安排中，那些能够提供金融资源的主体包括政府、市场、企业、社会中介机构等，他们在科技创新的融资活动中形成了一个体系，并成为国家科技创新体系以及金融体系的重要部分。[②] 房汉廷（2010）认为，科技金融的本质可以概括为四点：首先，科技金融可视为一种创新活动，它是企业家将科学和技术转化为商业活动过程中的融资行为；其次，如果说技术革命是驱动新经济发展的引擎，那么金融就是新经济发展的"燃料"，科技与金融的融合则改变了新经济增长模式；再次，科技与金融结合就是科学技术被资本化的过程，也就是科技被资本孵化，演变为一种财富创造工具的过程；最后，科技

---

① 周昌发. 科技金融发展的保障机制 [J]. 中国软科学，2011（3）.
② 赵昌文，陈春发，唐英凯. 科技金融 [M]. 北京：科学出版社，2009.

与金融结合是金融资本有机构成被提高的过程，即"同质化的金融资本通过科学技术异质化的配置，获取高附加回报的过程"。因此，让金融资本参与科技创新的活动，使它在分散科技创新风险的同时，也能分享科技创新的收益，这是科技与金融有效结合的机制。这个机制包含两层含义：一是科技创新需要借助金融资本来实现风险分散以及财富增值；二是科技创新将会促进生产效率的提高，从而为金融资本带来高额回报。钱志新（2010）在《产业金融》中从产业划分的角度对"科技金融"的概念进行界定，指出在未来经济的发展中，产业金融化、金融产业化将成为新的潮流，而"科技金融"则是"产业金融"的一个重要分支。[①] 洪银兴（2011）认为，科技金融是"金融资本以科技创新尤其是以创新成果孵化为新技术，创新科技型企业推进高新技术产业化为内容的金融活动"。从投资科技创新的阶段来看，在科技创新的源头——知识创新阶段，关注的是创新成果的基础性、公益性和公共性。因此，政府财政资金是责无旁贷的主体。而到了科技创新成果进入市场的阶段，金融资本将成为投入的主体，吸引金融资本的科技创新将带来投资收益。[②]

实际上，科技金融的渠道主要有两种：一是政府资金建立基金或者母基金引导民间资本进入科技型企业；二是多样化的科技型企业股权融资渠道。具体包括政府扶持、科技贷款、科技担保、股权投资、多层次资本市场、科技保险以及科技租赁等。从参与主体来看，科技金融体系是在科技金融环境下，由科技金融需求方、科技金融供给方、科技金融中介机构、政府和科技金融生态环境等科技金融要素构成的综合体。首先，科技金融需求方包括高新技术企业、大专院校及其他科研机构、政府和个人，其中高新技术企业是科技金融的主要需求方，也是本书的重点研究对象。大专院校及其他科研机构主要是财政性科技投入的需求方，此外也是科技贷款和科技保险的需求方。其次，科技金融供给方主要是指银行等金融机构、创业风险投资机构、科技保险机构和科技资本市场，有时，个人也是科技金融供给方，如民间金融和高新技术企业内部融资等。再次，科技金融中介机构包括担保机构、信用评级机构、律师事务所、会计事务所等，这些机构在减少金融市场的信息不对称方面起到了积极的作用。最后，政府是

---

① 钱志新. 产业金融［M］.南京：江苏人民出版社，2010.
② 洪银兴. 科技金融及其培育［J］.经济学家，2011（6）.

科技金融体系中特殊的参与主体，因为政府既是科技金融的供给方、需求方，又是科技金融的中介机构，还是科技金融市场的引导者和调控者。政府的作用是举足轻重的，不仅投入巨大的资金直接资助科技型企业、创业投资公司成立科研院所，还设立限定产业领域的基金，如科技成果转化基金、孵育基金、产业投资基金等。

因此，科技金融是促进科技产业与金融产业融合的过程，以及由此产生的一系列金融工具、金融制度、金融政策与金融服务的系统性安排。

二、 科技金融风险

按照《巴塞尔新资本协议》对全面风险管理的要求，金融活动面临的各种风险可以归为三类：市场风险、操作风险、信用风险。市场风险又称系统性风险，主要是金融市场因子如利率、汇率、证券价格波动而导致金融资产损失的可能性。总体上看，市场风险是客观环境变化带来的风险，在金融市场因子发生波动导致金融资产损失时，其影响的方向和程度对于科技金融和其他金融活动都是大体相同的，防范市场风险的措施和技术要求也是相同的。也就是说，科技金融与其他金融活动相比，在面对市场风险的客观影响方面并无特别之处。操作风险是指由不完善或有问题的内部程序、人员和系统或外部事件所造成损失的可能性。总体上看，操作风险是由主观努力不够认真严谨带来的风险，防范操作风险的主要措施是完善内部控制机制、建立健全应对外部事件的预备方案，金融机构可以通过主观努力把操作风险降到最低限度。这方面的工作原则和具体要求，无论是对科技金融还是对其他金融活动来说，也是大体相同的。信用风险主要指违约风险，即债务人不能如期偿还债务而给金融机构等债权人造成损失的可能性。信用风险是金融活动面临的最主要风险，因为信用风险的大小，不仅与金融机构的主观努力密切相关，而且与债务人的性质、特点以及外部环境的发展变化密切相关。科技金融风险是银行等金融机构在为科技型企业提供贷款等金融服务过程中所面临的风险，贯穿科技型企业科技创新的整个生命周期。

科技型企业所从事的科技创新活动具有较大的不确定性，这种不确定性主要来自三个方面：一是成果不确定，科技创新活动是一种开创性活动，在科技创新之初，技术的不完善和创新成果的未知性使得创新人员和企业难以确定成功的可能性以及可能产生的影响；二是市场不确定，因为信息不完整以及科技创新的未知性，科技创新成果能否被市场接受并最终占据市场也不确定；三是效益不确定，即使科技创新成果能够成功转化为市场所接受的产品，但从投入产出效益方面来衡量，是否适合进行商业化生产，也存在不确定性。由于科技创新活动的不确定性，作为债务人的科技型企业，其信用能力显然弱于一般性生产经营企业。科技型企业的信用能力既包含主观违约故意，也包含客观上缺乏偿还债务能力，本书主要指后者。也就是说，由于科技创新活动的不确定性，科技型企业的研发活动存在较大的失败可能性，从而使投入其中的金融资本和社会资本更容易遭受损失。[①]

此外，科技型企业与金融机构之间还存在严重的信息不对称问题，金融机构难以掌握企业的技术情况、资金状况、经营状况，导致科技金融风险进一步扩大。因此，科技金融风险不仅具有一般金融风险的属性，而且具有与科技型企业相关的金融风险特性。由于科技创新本身就是一种高风险活动，科技型企业在科技研发、科技成果转化过程中的不确定性较多，会直接加大银行等金融机构的信用风险和流动性风险。科技金融风险可以简单归为两类：技术本身风险和信息不对称风险，而信息不对称是科技金融风险产生的主要来源。由于高科技产业发展具有跨度大、专业性强、变化快、模式新等特点，与资金需求方相比，金融机构一般更难全面、准确地掌握和了解相关技术和市场等专业信息，更难把握其资产质量、经营状况和潜在风险，更难预测其发展前景，导致严重的信息不对称问题。缺乏治理信息不对称的有效手段，就容易产生逆向选择和道德风险，导致市场失灵。研究开发项目的实施者与投资者之间的信息不确定性和不对称性，极大地限制了研究开发项目的开展，故对科技金融的信用风险识别非常重要。信用风险识别、度量的过程和方法是相互联系、相互交织的，往往难以严格区分。这里，我们不妨把对科技金融的信用风险识别界定为分析确定信用风险的影响因素。对科技金融的信用风险识别，也是对科技型企业

---

① 汪泉，曹阳.科技金融信用风险的识别、度量与控制［J］.金融论坛，2014（4）.

的信用能力分析。鉴于科技型企业特别是处于种子期、初创期的科技型企业具有以研发为主、轻资产、高风险和财务报表不完善等特点，西方传统的"5C"评价法过于笼统，对科技金融的针对性不强。赵昌文等人（2009）提出的高新技术企业的信用评估方法过于注重财务指标分析，需要加以改进。为此，有必要对科技金融的信用风险识别因素进行重新设计，重点是考虑科技型企业的研究开发、成果转化及市场开拓的能力和前景。科技金融的信用风险识别，或者说对科技型企业特别是处于种子期、初创期的科技型企业信用能力的识别，应当综合考虑以下七要素：科研团队（Scientists）、发明专利（Patent）、企业家（Enterpriser）、商业化（Commercialization）、风险投资（Investment）、渐进性（Advancing）、流动性（Liquidity）。其中，科研团队和发明专利考察分析的是企业的研发能力；企业家和商业化考察分析的是企业的集成能力、经营管理水平以及与市场需求的结合度；风险投资考察分析的是风险投资者对企业的认可度；渐进性考察分析的是企业发展变化情况；流动性考察分析的是企业财务状况。以上七要素首位字母的组合"SPECIAL"的词义是"特别的"，因此可称之为科技金融信用风险识别的"SPECIAL"信用评价法或特别信用评价法。①

　　风险度量是在风险识别的基础上，对风险水平的分析和评估，包括衡量风险发生的可能性及其影响的范围和程度。就科技金融的信用风险度量而言，主要是对"SPECIAL"七要素进行深入考察分析，据以判断科技型企业面临的信用风险程度和水平。考察分析的视角主要包括过去情况（Past，称为PⅠ）、当前状况（Present，称为PⅡ）、未来前景（Prospect，称为PⅢ）三个方面。"SPECIAL"七要素包括：①科研团队（S）。调查和评价科技型企业历史的研发成果是否丰硕（PⅠ）；评价研发团队素质特别是首席科学家素质，分析其在专门的技术领域是否具有领先水平（PⅡ）；分析团队是否具有合作、钻研、锲而不舍的精神（PⅢ）等。②发明专利（P）。调查和评价科技型企业已经取得和正在申请的发明专利数量、质量情况（PⅠ）；分析这些专利的先进性、实用性、成果转化的可能性（PⅡ）；分析这些专利在经济领域的可行性，以及是否具有转让价值和质押价值（PⅢ）等。③企业家（E）。调查和

---

① 赵昌文，陈春发，唐英凯．科技金融［M］．北京：科学出版社，2009.

评价科技型企业的领军人物素质，已经取得的成就（PⅠ）；分析其是否具有企业家精神和经营管理水平，是否专注于事业，具有强烈的事业心、创意创新意识、吃苦耐劳精神（PⅡ）；分析其是否具有集成能力，善于团结和使用人才，把企业创新发展的各项要素加以整合、有效利用（PⅢ）等。④商业化（C）。调查和评价科技型企业已有的成果转化和产品开发情况（PⅠ）；分析产品的市场需求情况，以及营销策略、销售渠道和盈利模式（PⅡ）；分析判断企业的产品和服务是否具有不断开拓市场的潜力和竞争力（PⅢ）等。⑤风险投资（I）。调查和评价科技型企业有无风险投资进入（PⅠ）；分析风险投资的出资人情况、投资额大小和投资条件设定（PⅡ）；分析企业是否受到风险投资者进一步关注、是否获得新的风险投资意向（PⅢ）等。⑥渐进性（A）。调查和评价科技型企业的总体状况是越来越好还是趋于恶化（PⅠ）；分析当前各项工作计划和目标任务是否能如期达成（PⅡ）；预测判断企业未来的发展变化和总体趋势（PⅢ）等。⑦流动性（L）。调查和评价科技型企业的资金来源和现金流是否能够维持企业的研究开发和生产经营需求（PⅡ）；分析其是否有新的潜在资金来源，包括专利和产品销售收入、政府补贴和资助、风险投资以及金融机构融资（PⅢ）等。"SPECIAL"信用评价法可以细分为20个具体评价因子（其中流动性因素中为两个评价因子，因为对过去的流动性进行考察已无意义，所以忽略流动性的PⅠ），并对不同评价因子按照重要性赋予不同权重，根据调查和评价情况进行打分，最后汇总为一个总分Q。根据总分高低评估和度量科技型企业的信用能力，即科技金融的信用风险程度。①

三、 科技财政

科技财政是指国家对具有高投资、高风险、投资周期长、私人不愿意投资的技术前沿和战略产业领域，通过科技财政预算的方式直接或间接地进行投资扶持。②

科技财政作为一种促进科技进步的重要手段，通常具有履行社会公共职

---

① 汪泉，曹阳. 科技金融信用风险的识别、度量与控制［J］. 金融论坛，2014（4）.
② 阙方平. 中国科技金融创新与政策研究［M］. 北京：中国金融出版社，2015.

能的特征，一般不以盈利为目的，而是为了国家和社会公共利益需要而进行投入，它追求的是社会效益，以社会福利最大化为主要目的。其投入的对象主要是各高校和科研院所、国有大中型企业等。科技财政属于公共财政支出范畴，一般分为两类：一是用于保障各科技部门和机构正常运转的，包括人员经费和公用经费等基本支出；二是用于各科技部门和机构为完成特定科技活动目标或特定科研任务而发生的项目支出。[①]

科技财政具有如下特点：第一，从资本来源来看，科技财政资金是一种财政性资金，其资金主要来源于政府财政用于科技活动方面的支出。从科技财政资金的投向来看，一般是收益低甚至是没有收益、投资风险较高、社会资本不愿意投资，但对国民经济和社会发展具有重要影响的领域。例如，科研机构运行经费支出、基础研究经费支出以及科学普及经费支出等领域。第二，从资金使用范围来看，它主要是用于科技研究发展活动或为科技研究发展活动服务的专项资金。对于既定科技财政资金开支的范围有明确的界定和要求，要求专款专用。按照国家相关政策规定，科技财政资金只能用于与科技研究发展活动有关的支出，并明确规定开支范围和标准，严格按照项目目标和任务，科学合理地编制预算，并严格按预算执行，严禁挪用或是截留科技财政资金。第三，从投入资本性质来看，它属于资助性资金，主要通过政府相应的政策制定对科技资源进行分配和调节，具有引导性和自主性。例如，科技财政资金在项目开展初期，是启动性支持资金；在项目开展过程中，则属于鼓励性扶持资金。第四，政府的科技财政投入支持的重点领域和重点对象充分反映了该政府所在国不同发展历史时期的政治和经济特征。例如，美国政府科技财政资金在第二次世界大战期间和"冷战"期间的投入重点以军用工业为主。"冷战"结束后，美国政府放弃了"星球大战"等计划，将投资的重点转变为以民用工业为主，大力发展民用技术、信息技术、新材料技术和新能源技术等领域。而在 2001 年美国"9·11"事件发生后，由于美国领土面 2011 年美国在临安全问题，当时的布什政府加大对反恐科技领域的投入。以中国为例，从中华人民共和国成立后到改革开放前的这段时期，中国政府科技投入主要以军工和国防等尖端科技领域攻关为重心。改革开放以来，

---

① 曹坤，周学仁，王轶.财政科技支出是否有助于技术创新：一个实证检验［J］.经济与管理研究，2016（4）.

政府科技投入的重点转变为企业技术改造、新产品开发和提高产品质量等，以提高企业的综合科技竞争力为主。第五，从国际范围来看，随着科技进步对经济社会发展的重大促进作用凸显，世界主要国家科技财政投入体现出投入总量不断增长、投入途径不断拓宽、投入系统性不断增强、投入方式不断创新，以及针对政府科技财政投入的绩效评估体系日趋成熟和完善等特点，逐步建立符合科技创新规律、适应时代发展的科技财政投入体系。①

---

① 战昱宁，赵玲. 促进科技金融发展的财政体系研究——以杭州为例 [J]. 公共财政研究，2017（1）.

第二章　金融支持创新型中小企业成长的理论基础

第一节　熊彼特创新理论

奥地利学者熊彼特是首位系统阐述创新理念和思想的经济学家。他先后创作了《经济发展理论》（1912）、《经济周期：资本主义过程的理论、历史和统计分析》（1939）和《资本主义、社会主义与民主》（1942），标志着创新理论的形成。熊彼特认为，创新是一个经济概念，即把各类生产要素以全新的方式重新组合纳入新的生产体系并运用于新的生产中。熊彼特进一步明确指出"创新"的五种情况，即产品创新、技术创新、市场创新、资源配置创新、组织创新。

熊彼特的创新理论主要有以下基本观点：第一，创新是在生产过程中内生的。尽管投入的资本和劳动力数量的变化能够导致经济生活的变化，但这并不是唯一的经济变化，还有另一种经济变化是从体系内部发生的。第二，创新是一种"革命性"变化，充分强调创新的突发性和间断性的特点，主张对经济发展进行"动态"性分析研究。第三，创新同时意味着毁灭。在竞争性的经济生活中，新组合意味着对旧组合通过竞争而加以毁灭，尽管消灭的方式不同。如在完全竞争状态下的创新和毁灭往往发生在两个不同的经济实体之间；而随着经济的发展、经济实体的扩大，创新更多地转化为一种经济实体内部的自我更新。第四，创新必须能够创造出新的价值。熊彼特认为先有发明，后有创新；发明是新工具或新方法的发现，而创新是新工具或新方法的应用。把发明与创新割裂开来，有其理论自身的缺陷；但强调创新是新工具或新方法的应用，必须产生出新的经济价值，这对于创新理论的研究具有重要的意义。第五，创新是经济发展的本质规定。熊彼特认为，可以把经济区分为"增长"与"发展"两种情况。发展是经济循环流转过程的中断，也就是实现了创新，创新是发展的本质规定。第六，创新的主体是企业家。熊彼特认为，每个企业家只有当其实现了某种"新组合"时才是一个名副其实的企业家。熊彼特对企业家的这种独特的界定，其目的在于突出创新的特殊性，说明创新活动的特殊价值。

熊彼特的创新理论为经济学发展和创新理论的研究奠定了基础，他首次从概念上系统地定义了创新，揭示了生产过程中技术创新对于经济发展的杰出贡献，并强调重视创新主体——企业家人才在创新过程中的重要作用，这些对于激励创新型企业的发展、重视培养创新人才、不断完善金融体系都具备先进的借鉴意义。

但熊彼特的创新理论仍然存在一定的缺陷，例如由于研究时期较早，故未能加入大量的实证检验和统计分析来验证相关结论；考察技术进步对于经济增长的贡献时，未能将制度因素纳入研究体系；对于创新在扩散过程中的发展和改良情况未作出相关说明，也忽略了渐进性和组织创新的重要性等。

第二节　新古典经济增长理论

新古典经济增长理论以罗伯特·M. 索洛等经济学家为代表，该经济理论主要观点为：

第一，技术进步能带来经济增长。该理论运用新古典生产函数建立数学模型，表明经济增长率取决于资本和劳动的增长率、二者的产出弹性以及技术进步。由于资本和劳动的产出弹性有限，所以依靠增加资本和劳动投入无法带来经济的持续增长，而技术进步才是维持经济增长的源泉。在此基础上，建立了索洛模型，专门用于通过实证检验来测度技术进步对于经济增长的贡献度。

第二，政府必须参与技术创新。新古典学派认为技术创新固有的收益非独占性、公共性和外部性等特点，可能带来市场失灵，这就要求政府必须参与科技创新过程，并采取干预手段和正确的引导，从而带领技术创新活动顺利开展，增强经济增长的推动作用。

虽然新古典经济增长理论学派提出了技术创新贡献率测度方法和技术创新需要政府干预的观点，但该学派的分析工具仍然是古典经济理论模型，因此并不能反映技术进步的动态变化和创新的动态表现。该理论没有充分考虑经济发展过程中技术和制度的作用及其作用方式，因此也无法充分解释造成企业生产率水平存在差异的决定因素等一些重大的理论与现实问题，这便使得该理论无法发挥现实作用。另外，该理论把技术进步（劳动的有效性）看成外生给定的，而这恰恰是长期经济增长的关键。因此，索洛模型是通过"假定的增长"来解释经济增长的，从而不能够解释长期经济增长的真正来源。[①]

第三节　金融结构理论

金融结构理论是研究金融发展问题最早和最有影响的理论之一，该理论对金融发展的过程及规律进行了描述和分析。1969 年，雷蒙德·W. 戈德史密斯出版了专著《金融结构与金融发展》，为金融发展理论的诞生奠定了基础。他在书中指出，金融理论的职责是找出决定一国金融结构、金融工具存量和金融交易流量的主要经济因素。他首次将金融发展定义为金融结构的变化，利用 35 个国家近 100 年的数据，并综合采用定性分析、定量分析以及国际横向比较法、历史纵向比较法，建立了一套指标体系，用来衡量一国的金融水平，并得出了金融相关率与经济发展水平正相关的结论，为后人的研究作出了巨大贡献。

戈德史密斯在数量方面对金融结构进行定义，构建了 8 个指标来总体描述金融结构。指标分别为：金融相关比率（Financial Interrelations Ratio，简称 FIR），金融资产总量在各组成部分的分布，金融机构和非金融机构的金融工具发行额的比值，所有金融机构在非金融机构发行的各种主要金融工具中的未清偿额所占比重，各种主要金融机构的相对规模，金融机构间的相关程度，主要

---

① 邵磊. 山东省金融支持科技创新研究［D］. 重庆：西南大学，2017.

非金融机构进行内源融资和外源融资的相对规模，外源融资中各种主要金融工具所占比重。以上8个指标形成了较为完整的量化体系，为后期的实证分析奠定了数据基础。

利用上述金融结构的衡量指标，戈德史密斯把各个国家的金融结构大体分为三种类型，分别代表金融结构的未来发展方向。①低层次类型金融结构：金融相关比率相对较低，在0.2~0.5范围内；金融工具比较缺乏，尤其是债券凭证；金融机构在整体金融结构中占比较低，商业银行处于主导地位。②中层次类型金融结构：政府和政府主导的金融机构在经济运行中开始发挥较大作用，金融中介占比相对提高，大量的大型股份制企业开始出现。③高层次类型金融结构：目前较为普遍的金融结构，金融相关比率提高至0.75~2.0，股权融资比例逐渐上升，金融产品更为丰富，金融机构种类更为繁多。

戈德史密斯认为，金融结构未来的演变趋势是：第一，金融相关比率与金融发达程度呈正相关关系，金融相关比率的变动可以体现出金融结构与经济基础的相对变化；第二，随着金融体系的不断完善，金融工具的种类日益增多，结构也有巨大改变，股权和证券在金融工具总量中所占比例不断提高；第三，随着非银行金融机构的不断增多，在整体金融体系中发挥的作用也不断增强，使得金融机构种类更加丰富。发达金融机构对经济增长的促进作用是通过提高储蓄、投资总水平与有效配置资金这两条渠道来实现的。金融结构越发达，金融工具和金融机构提供的选择机会就越多，人们从事金融活动的欲望就越强烈，储蓄总量的增长速度就越快。在一定的资金总量下，金融活动越活跃，资金的使用率就越高。因此，金融越发达，金融活动对经济的渗透力越强，经济增长和经济发展就越快。注重金融工具供给和强调金融机制的正常运行是金融结构理论的核心，也是金融自我发展及促进经济增长的关键所在，这一观点被后来的金融发展理论所继承。

第四节　金融中介理论

近年来在理论和实证方面的大量研究证明了金融、金融中介和经济增长存在密切的联系。在市场经济中，储蓄—投资转化过程是围绕金融中介来展开的，这使得金融中介成了经济增长的中心。金融中介是从消费者（储蓄人）手中获得资金并将它借给需要资金进行投资的企业。从根本上说，金融中介是储蓄投资转化过程中的基础性制度安排。

John Chant 将金融中介理论分为"新论"与"旧论"。"新论"主要是对信息经济学和交易成本经济学的平行发展做出的回应。也就是说，随着信息经济学和交易成本经济学的发展，金融中介理论的研究以信息经济学和交易成本经济学作为分析工具。"新论"对金融中介提供的各种不同的转型服务进行了更细致的识别与分析；更深入地探寻金融中介如何运用资源以博取有用信息、克服交易成本，从而通过改变风险与收益的对比来实现这些转型。"新论"中又涉及第一代和第二代金融发展理论的不同观点。前者的代表 Gurley 和 Shaw 认为金融中介利用了借贷中规模经济的好处，他们以远低于大多数个人贷款者的单位成本进行初级证券投资和管理。Benston George 认为存在交易成本、信息成本和不可分割性等摩擦的市场，是金融中介产生并存在的理由。后者的代表 Boyd 和 Smith 认为信息获取和交易监督上的比较优势使金融中介得以形成；Bencivenga 和 Smith 认为当事人随机的流动性需要导致金融中介的形成；Dutta 和 Kapur 认为当事人的流动性偏好和流动性约束导致金融中介的形成。事实上，金融中介发展到现在已突破了交易成本、信息不对称的范式约束，开始强调风险管理、参与成本和价值增加的影响，使金融中介理论从消极观点（中介把储蓄转化为投资）向积极观点转变（在转换资产的过程中，中介为最终储蓄者和投资者提供了增加值）。

"旧论"将金融中介提供的服务等同于资产的转型，金融中介向客户发行债权，而这些债权与其自身持有的资产具有不同的特点。把金融中介视为被动的资产组合管理者，只能根据他们在市场上所面对的风险与收益情况完成组合的选择。事实上，"新论"与"旧论"的区分不是很明确，因为任何一种理论的形成与发展都是在以前理论的基础上发展起来的，新旧理论之间很难截然分开。金融中介理论的发展也不例外。

第五节　优序融资理论

Myers 和 Majluf（1984）提出优序融资理论，当公司为新项目融资时，将优先使用公司内部盈余，其次采用债券融资，最后才采用股权融资。因为如果公司采用外部融资方式，会引起公司价值的下降。基于优序融资理论，企业进行融资时将按照内源融资—债券融资—股权融资的模式。对于成熟期企业的升级创新而言，企业经营状况稳定，根据优序融资理论将按照内源融资、债券融资、股权融资的顺序进行融资。因为企业规模大，自身能够承担科技创新带来的风险，所以将优先选择银行信贷融资，其次选择债券融资，最后选择股权融资。对于创新型企业而言，企业经营风险较高，未来现金流不稳定，企业不存在内部盈余，内源融资渠道失效；创新型企业风险水平较高，自身无法完全承担科技创新风险，银行信贷融资渠道失效；企业规模小，资金回收周期较长，固定收益的债券融资渠道失效；创新型企业尽管风险水平较高，但未来收益率也较高，最后只能通过股权融资实现风险与收益的匹配，完成企业融资。因此，成熟期企业选择银行信贷融资，创新型企业选择股权融资。[①]

从投资理论来看，投资者总能通过一级市场的选择与二级市场的交易实现风险与收益的匹配。风险爱好型投资者通过金融市场投资高风险高收益类项目，风险厌恶型投资者通过金融市场投资低风险低收益类项目。成熟期企业的创新融资，风险水平较低，投资获益也较低，可以通过银行信贷便捷融资，同时银行获得固定收益，适合风险厌恶型投资者。创新型企业的融资，风险水平较高，未来收益也较高，可以通过股权融资获得资金，适合风险爱好型投资者。投资者可以根据自身不同的风险承受能力在资本市场进行不同产品的组合搭配，以满足自身的投资需求。因此，投资者的不同投资需求促使企业根据其不同融资风险与收益进行投资组合，不同类型的企业选择不同的融资方式。

---

① 王彤彤. 金融结构与科技创新的互动机制和作用效果：基于美国和德国的经验研究［D］. 杭州：浙江大学，2018.

第三章　金融支持创新型中小企业成长的机理分析

科技创新的高风险性、外部性及不确定性，使得科技创新投资凸显不足，从而影响创新型中小企业成长。金融资源其自身功能可以在一定程度上降低科技创新风险、信息不对称和外部性，从而对创新型中小企业投资主体进行激励约束，促进创新型中小企业成长。

第一节　创新型中小企业的特征及其金融需求规律

一、创新型中小企业的特征

（一）以无形资产为主

传统企业在创办初期均配备厂房、机器、设备等有形的固定资产，对企业的投入总是伴随着有形或无形资产的增加而增加，一旦企业发生亏损、倒闭等，可以通过资产处置以回收投资。创新型中小企业却与之大不相同。创新型中小企业资本金少，有形资产规模小，通常拥有的是知识产权、专利、发明，甚至只有创意的概念模型等无形资产，且无形资产往往高于有形资产。从近五年科技统计数据来看，每年创新型中小企业的新增固定资产占当年产值的平均比率不足5%。而创新型中小企业在成长的早期阶段，既没有足够的固定实物资产作担保，获得担保的能力又弱，不满足传统商业银行贷款审批条件，融资问题成为创新型中小企业一大瓶颈。这需要以存贷款业务为主的商业银行基于创新型中小企业的特点改变其传统的信贷模式。

（二）高投入与长期性、高风险性、高成长性并存

1. 高投入与长期性

科学技术的基础研究、科技成果转化以及产业化是一条完整的链条，其运转需要资金支持，科技创新的各个阶段均需要不同规模的资金支持。此外，科技创新活动涉及从知识到技术的创造，再实现科技成果的转化以及产业化，是一个长期的过程。相关研究显示，基础研究、科技成果转化以及产业化的资金投入比例为 1∶10∶100，如此大规模的资金需求仅仅依靠企业自身是无法获得的，这就需要金融体系的支持。①

2. 高风险性

高新技术产业有一条完整的产业链条，包括科技开发、成果转化、产业化等不同发展阶段。高新技术产业的高创新性、高难度性、知识密集性等特点决定了它在每一阶段高于传统产业的风险性。因此，在科技创新的各个阶段容易产生技术风险、市场风险和商业风险，从而导致收益的不确定性。一是由于现代技术更新速度快，市场需求随着新技术的不断更新而不断变化，科技创新活动的高投入与长期性使得新技术或者新产品在开发过程中充满了不确定性，加之技术前景、技术效果、技术稳定的不确定性，技术风险较大；二是在我国当前担保体系和信用体系不完备的情况下，属于轻资产企业的科技型中小企业既缺乏运营业绩记录，又缺乏完善的财务会计体系，信息透明度不高，存在着信用风险；三是虽然科技产品/服务具有技术更新快、生命周期短和产品创新型等特点，但新产品被市场接受需要时间，市场开拓难度较大，市场行情变数无法预测，市场风险值得高度关注；四是高新技术企业在创新发展过程中由于管理者素质、战略决策水平、管理体制、公司治理、市场信息等方面存在不成熟、不完善的特点，企业的管理风险较大；五是科技产品由于生产周期过长或者生产成本过高，原材料供应无法保障，或产品质量可靠性差，难以进行规模化生产，导致企业面临较大的生产风险；六是随着经济全球化、一体化的发展，国家的经济形势和产业政策调整将受到世界经济发展的极大影响，这也给科技型企业特别是出口外向型高新技术企业带

---

① 和瑞亚. 科技金融资源配置机制与效率研究［D］.哈尔滨：哈尔滨工程大学，2014.

来了极大的社会风险。因此与传统企业相比，高新技术企业在技术、信用、市场、管理、社会等方面具有更大的不确定性。

3. 高成长性

随着创新型中小企业规模不断扩大、迅速成长，企业经营日渐稳健，社会信誉逐渐建立，它拥有了技术领先优势和自主知识产权，产品或服务附加值高。一旦产品创新成功，随着人们对新产品认可度的不断提高，需求往往会呈几何倍数增长，高新技术产业很容易获得市场竞争优势，从而实现持续高速的成长，成功的高新技术企业的资产、销售收入等可在几年内增长几十倍甚至上百倍。

（三）独特的风险评估方法

与科技型企业相比，传统中小企业拥有更高占比的有形资产、更详细的历史财务状况、更成熟的技术支持和市场保障以及更易操作的风险评估体系。银行对这样的传统中小企业的风险评估多为静态评估，采用诸如销售额、销售利润率、市场占有率、现金流等历史财务数据来评估企业的风险级别，从而决定是否放贷。而这种传统的评估方法却难以反映科技型企业的信用状况和发展情况，信息不对称无法有效解决，结果导致银行难以掌握贷款的风险，科技型企业也难以融到银行贷款。因此对科技型企业的风险评估体系的构建，不仅要考虑到它作为一般企业的特点，从财务效率状况、资产运营状况、偿债能力状况以及发展能力状况等方面设置评估指标，更要考虑到科技型企业无形资产占比高、高风险、高成长、高回报等特点，从成长性、技术创新能力、企业发展潜力等方面建立独特的动态风险评估体系。既要关注科技型企业的静态指标，又要使用一些动态指标，侧重科技型企业的创新能力、创业者自身素质、企业成长发展潜能等因素，利用财务绩效与非财务绩效相结合，即时绩效与未来绩效相结合，经济绩效与社会绩效相结合等方式全面、科学地评估企业风险，通过风险—收益对称原则来权衡是否给予企业融资及融资额大小。与此同时，加强对复合型人才的培养也是建立独特风险评估体系的重要内容。[①]

---

① 陆岷峰，汪祖刚. 关于发展科技金融的创新策略研究［J］.西部金融，2012（5）.

二、 创新型中小企业的金融需求规律

根据企业发展理论，创新型中小企业的生命周期可以划分为创业期、成长期、成熟期和衰退期四个阶段。企业在每个发展阶段的规模不同、经营风险不同、盈利状况不同，各阶段的资金需求规律也明显不同。

（1）在创业期，科技创新活动资金流入主要来源于投资者投入的资本金，资金流出主要用于支付科技人员的工资薪酬。这一时期，企业支出项目较少，依靠自有资金可满足各项支出需要，因此，资金较为充裕。随着创业期的不断深入，创新型中小企业进入研发阶段和新产品的试制阶段，此时科技创新产品尚未完全定型，不能投放市场，资金流入几乎为零。但研发设备投资、科研与开发支出、技术转让费、信息管理费及科技人员的工资薪酬等的资金支出较多。因此，仅靠企业自有资金很难生存，必须获得更多的外部资金支持。企业将智力成果转化为创新产品的过程充满了艰辛和风险，银行、保险公司、风险投资公司等金融机构不会轻易向创新型中小企业提供资金支持。因此，创新型中小企业除了依靠所有者投入的资本金外，还希望获得政府资金支持。

（2）在成长期，创新型中小企业的生产设备投资支出、原材料采购支出、产品质量检验支出、产品营销支出以及人才引进支出等远超产品销售收入产生的资金流入，资金需求缺口较大。在成长期初期，创新型中小企业已经将科研成果转化为产品，随着产品销售量的增加，企业会寻求风险投资公司和私募股权投资基金的资金支持。与其他金融投资机构相比，私募股权投资基金限制条件较少，更符合创新型中小企业成长期初期的融资需求特点。在产品扩张期，随着企业生产规模的扩大，权益资金已无法满足企业快速发展对资金的要求，此时，商业银行贷款将成为创新型中小企业的主要筹资方式。

（3）在成熟期，随着企业生产规模不断扩大、盈利能力逐渐增强、内源性资金增加，商业银行更愿意向企业提供贷款，企业的资金需求压力暂时得到缓解。但随着市场需求的逐渐饱和，产品的销售量将难以提高。企业的边际利润将趋近于零。在成熟期后期，企业为了实现转型，需要投入大量的资金。因此，在充分利用好内源性资金和银行贷款的基础上，还可以通过发行

债券、股票等方式融资，特别是争取通过创业板来筹集资金。

（4）在衰退期，由于企业缺乏具有较高商业价值的投资项目，资金支出较少。同时，随着产品市场需求量的下降，企业在产品质量维护以及产品营销方面的开支也逐渐减少，企业不再需要从外界筹集资金。[①]

通过分析发现，创新型中小企业四个发展阶段的资金需求情况有所差异（见表3-1）。创新型中小企业在不同阶段对金融服务的需求不同，因此，我们要建立能够适应不同阶段创新型中小企业发展的金融体系。前三个阶段资金需求相对迫切，第四阶段资金需求相对较弱。在成熟期，由于产品基本得到市场的认可，企业获取资金的途径相对较多，难度也相对较小。在创业期与成长期，由于不确定因素较多，科技创新的风险也较大，创新型中小企业融资难度也较大，需要积极引导各类金融资源介入。

表3-1　创新型中小企业不同发展阶段的主要特点

阶段	特点	风险	金融需求	盈利
创业期	科技成果转化	技术开发风险、技术产品市场风险	需求少，以自有资金、政府补贴为主	无（项目失败率高）
成长期	产业化	市场风险	需求急剧增加，以风险资本为主	较少
成熟期	规模化	逐渐减少	需求较大，需要多元化金融服务相匹配	利润增加
衰退期	规模缩减	市场风险	需求减少	减少

---

① 段金龙．科技创新的公共金融支持研究［D］.哈尔滨：哈尔滨工程大学，2016.

第二节　金融支持创新型中小企业成长的方式

创新型中小企业的金融支持参与主体可以划分为需求方、供给方、中介机构和政府。其中，需求方是指创新型中小企业、科技研发机构、高校和政府等；供给方包括银行、资本市场、创业风险投资机构等金融机构和政府；中介机构分为营利性和非营利性机构；政府作为金融支持的特殊参与方，扮演着需求方、供给方和中介机构的多重角色，其最重要的功能是充当引领者，打破市场失灵的不平衡局面。本书所述的支持创新型中小企业的金融结构体系主要包括政策性金融机构、商业性金融机构、资本市场、风险投资机构以及科技担保与科技保险机构。

一、　政策性金融机构

政策性金融是创新型中小企业在发展初期最重要的融资方式。作为支持科技创新的特殊服务方，政府的行为涉及科技创新活动的各个领域及过程，政府通过多样化的财政支出、专项资金投入及制定相关科技金融政策等政策性金融投入来充当市场的引导者和调控者，发挥引导其他金融体系的组成主体支持科技创新的作用。政策性金融将政府与市场、财政与金融紧密地结合在一起，为科技创新提供资金支持和政策导向，同时对于具有公共物品性领域的科技创新，政策性金融机构提供中长期低息贷款，吸引和引导社会资本进入该领域，体现了政策性目标与盈利性的统一，具有市场与政府的双重属性，解决市场失灵问题。

二、　商业性金融机构

商业银行科技贷款主要是指商业银行向进行科技创新活动的科技型企业发放的贷款。我国目前的金融体系以银行为主导，商业性金融机构在科技创新的各个阶段给予主要的金融支持，其主体包括商业银行、金融租赁机构及民间金融机构等。但是由于信息不对称及高风险性，创新型中小企业在创业期初期很难从商业银行获得贷款。在"流动性、安全性、盈利性"

的经营原则下，商业银行主要介入科技成果转化阶段和产业化阶段。作为拥有以银行为主导的金融体系的国家，在我国资本市场、科技保险市场、科技担保市场与创业风险投资发展不完善的条件下，银行及其他非金融机构在支持科技创新发展方面起着重要的支撑作用。因此，科技贷款是科技型企业获取外部融资支持的重要融资途径。另外，商业性金融机构在对科技创新主体提供资金支持前，为了保障资金的安全性和盈利性，需要对科技创新主体的财务状况、现金流量、盈利能力等进行考察和分析来获取有效信息，这在一定程度上达到了信息揭示的效果。①

三、　资本市场

资本市场指政府、企业、个人用于进行一年以上的各种资金借贷和证券交易来筹措资金的场所，包括长期借贷市场（主要指银行提供间接融资）和长期证券市场（主要指股票和债券交易市场）。作为金融市场的重要组成部分，资本市场融资的长期性为科技创新提供了重要的资金保障，其产品的多样化也在一定程度上为科技创新提供风险配置。

资本市场是创新型中小企业进行直接融资的方式之一，其主要介入科技创新活动的科技成果转化和产业化阶段。根据流动性与风险性的不同，可分为不同层次和类别的市场，如主板市场、创业板市场、三板市场以及产权交易市场等。主板市场主要为处于成长期初期和成熟期的科技型企业提高融资支持；创业板市场主要为处于成长期初期的具有高成长性的科技型企业提供融资服务；三板市场，也叫"代办股份转让系统"，主要为具有良好发展前景、处于创业期后期和扩张期的未上市的科技型企业提供融资支持和股权转让的区域性资本市场；产权交易市场是为处于创业期初期的企业提供包括证券化的标准化产权以及非证券化的实物型产权在内的产权交易服务的区域性市场。资本市场根据不同发展阶段的科技型企业的融资需求和融资特点，提供不同层次市场的融资支持。在基础研究阶段，由于科技创新的高风险性，科技型企业主要以自筹资金或申请科技财政投入为主；在科技成果转化阶段，由于所需资金规模进一步扩大，科技型企业仅靠自有资金难以维持，转而通过创业风险投资、产权交易市

---

① 邵磊 . 山东省金融支持科技创新研究［D］. 重庆：西南大学，2017.

场等以转让股权获取融资；在产业化阶段，新技术或者新产品实现其商业价值和产业化，具有良好的市场前景，对资金的需求进一步扩大，企业通过创业板市场或者主板市场进行股票融资，实现生产规模的扩大或者产业化。此时，创业风险资本开始通过创业板或主板市场等渠道退出，获取高额利润。

四、 风险投资机构

创业风险投资是专业风险投资机构或投资者在承担高风险并积极控制风险的前提下，对具有高成长性的科技型企业尤其是高新技术企业进行权益性资本融资，其主要介入科技创新活动的科技成果转化和产业化阶段。《关于建立风险投资机制的若干意见》中也对创业风险投资进行了定义："创业风险投资是指向具有高成长性、高风险性与高收益性的创业企业提供股权资本，并为其提供管理咨询服务，通过将增值的被投资企业上市、并购等形式获取高额收益的投资行为。"风险投资包括私人股权投资和创业风险投资、产业投资基金等形式，作为一种科技与金融相结合的全新的投融资模式，创业风险投资具有风险性高、收益性大、着眼于长期利益等特点，其本质是将发展潜力巨大且具有较强不确定性的成长导向型和风险承受型的技术含量高的企业作为服务对象，为其提供股权资本的投资。创业风险投资能够为处于科技创新创业期初期和成长期的机构开辟全新的融资渠道，风险投资机构首先将分散的、能够承担高风险的资金聚集起来，然后投入高新技术领域，在项目成熟期出让或者卖出股份以获取高利润，最后将收回的增值收入再次投入新的科技项目。风险爱好型投资者在赢取高额收益的同时，也在一定程度上为科技创新主体缓解了资金瓶颈问题，从而推动科技创新水平的提升。创业风险投资同时具备高风险和高收益性质，其主要投资领域为高新技术产业和新兴产业。创业风险投资者以获取高额收益或出售股权获利为目的，主动寻求市场上具有高成长性与高收益性的创新项目，并为其提供资金支持，同时利用其长期积累的经验、知识、信息网络与风险管理为科技型企业提供管理咨询，使企业得到更好的经营。由于创业风险投资是一种主动的投资方式，获得创业风险投资支持的创新型中小企业的成长速度远高于未获得创业风险投资支持的企业。创业风险投资者通过将增值的企业上市、并购、进行股权转让或者破产清算等形式退出，从而获取高额收益。

五、　科技担保与科技保险机构

科技担保是指担保机构为创新型中小企业的融资提供的担保，为处于不同阶段的创新型中小企业或者科技项目提供融资担保，旨在通过降低银行机构的贷款风险，解决创新型中小企业因缺乏可抵押品、财务信息不完善等而难以获得融资支持的问题。目前，我国科技担保主要分为政策性科技担保和商业性科技担保两种。其中，政策性科技担保是指由政府相关部门或者专门的政策性科技担保机构为创新型中小企业提供担保；商业性科技担保是指由独立于政府部门之外的法人提供的担保。

科技保险是指针对科技创新过程中可能产生的技术风险、市场风险以及科技金融工具风险进行保险，以求降低科技创新风险、企业风险以及科技金融系统风险的金融工具。科技保险的主要功能是实现风险的分散、转移和管理，以使企业能够获得融资支持。根据科技保险提供者的性质，可以将科技保险分为政策性科技保险和商业性科技保险两种，政策性科技保险在我国科技保险的初级发展阶段发挥着重要的引导作用。[①]

科技担保与科技保险机构是支持创新型中小企业的金融结构体系之一。

第三节　金融支持创新型中小企业成长的模型与机制

麦金农和肖在其创立的金融发展理论中指出，金融体系主要从三个方面促进技术创新发展：一是动员储蓄，为技术创新提供融资；二是降低搜寻信息成本；三是为技术创新提供降低、分散和化解创新风险的工具和渠道。

一、　基本模型分析

经济学家保罗·罗默在1986年《收益递增经济增长模型》一书中提出了著名的内生经济增长理论模型，罗默在模型中比较系统地分析了知识积累与技术进步对经济增长的作用。他强调了研究与开发对经济增长的贡献，认为

---

① 和瑞亚. 科技金融资源配置机制与效率研究［D］.哈尔滨：哈尔滨工程大学，2014.

经济增长的源泉是知识的积累和技术研发。罗默在 1990 年提出了第二个模型——内生增长模型，该模型涉及四个变量：劳动力 L、物质资本 K、生产技术 A 和最终产品产出 Y。经济生产涉及两个部门：一个是研究开发部门，该部门产出的是新技术；另一个是产品生产部门，该部门产出最终产品。罗默的内生增长模型相对系统地研究了知识积累和技术创新对经济增长的推动作用，强调了科技创新对经济增长的重要作用。

内生增长模型假设所有资本都用于产品生产部门生产最终产品，而没有用于技术的生产，研究开发部门仅仅使用劳动力和现有知识去创造新的技术；产品生产部门则需投入劳动力、物质资本和生产技术。因此，产品生产部门生产最终产品的生产函数为：

$$Y_t = K_t^{\alpha} \left[(1 - a) \; LA_t \right]^{1 - \alpha} \qquad (3.1)$$

其中，Y 表示最终产品产出，L 表示劳动力，A 表示生产技术，K 表示物质资本，α 表示投入研发的劳动力比例，t 是连续时间。

罗默认为，技术创新是通过扩大中间商品种类的方式实现的，研究开发部门的技术生产函数为：

$$T_t = \delta \alpha LA_t \qquad (3.2)$$

其中，T 表示新技术的产出，L 表示劳动力，A 表示生产技术，δ 表示新技术产出系数，α 表示投入研发的劳动力比例，t 是连续时间。

由于本书探讨的是金融体系对科技创新的支持作用，故现加入金融部门为科技创新提供必要的资金支持。金融部门的投资函数为：

$$I_t = \theta S_t - \sigma r_t \qquad (3.3)$$

其中，S 表示金融体系中储蓄等闲置资金，θ 表示金融体系中将闲置资金用于支持科技创新的投资比例，即金融体系中各部门对科技创新的支持力度，σ 表示投资需求利率变敏系数或利率的投资需求影响系数，r 为利率，t 是连

续时间。假设一定时期内居民的储蓄率 s 保持不变，则

$$S_t = sY_t$$

代入公式（3.3）中，得到最终产品产出 Y 的表达式：

$$Y_t = \frac{I_t + \sigma r_t}{\theta s} \tag{3.4}$$

将公式（3.2）和公式（3.4）代入公式（3.1）中得到如下表达式：

$$\frac{I_t + \sigma r_t}{\theta s} = K_t{}^{\alpha} \left[\ (1 - \alpha) \ \frac{T_t}{\delta \alpha} \right]^{1-\alpha} \tag{3.5}$$

由公式（3.5）可以看出，闲置资金用于支持科技创新的投资比例 θ 与科技创新技术的产出是正相关关系，并且该关系是非线性的。我们可以将 θ 看作金融体系中各部门对科技创新的支持力度，上式表明金融体系中各部门的支持力度越大，即金融体系中资金支持科技创新的能力越强，则科技创新的技术产出效率越高。因此，金融体系的支持对科技创新的发展具有重要意义，若金融体系不发达，则会降低对科技创新的投资比例 θ，进而降低科技创新的技术产出。

二、　资金配置机制

随着金融的发展，金融结构、功能的丰富，金融体系可以帮助创新主体的企业在不同创新阶段筹集所需要的资金，从而实现资金的优化配置，促进技术创新。资金配置功能主要通过政策性金融和商业性金融以直接或间接的方式为科技创新提供资金支持。

（一）政策性金融

政策性金融主要包括财政性科技金融投入（主要为科技财政）和政策性科技金融贷款，其对科技创新的作用主要体现在减少科技金融资金配置参与主体之间的信息不对称，降低投融资双方的市场风险，实现市场风险与收益的匹配，

引导金融机构和社会资本进入科技创新领域，从而促进科技创新发展。政策性金融根据国家产业政策、国家发展战略对存在市场失灵的特定的科技领域提供资金支持，主要包括：①市场机制发挥失灵的领域，由于资金需求规模大、信息不对称、正外部性、投资回收期长等特点，市场金融主体不愿介入，但是这一科技领域又具有较大的社会效益，这时需要政策性金融的资金支持；②市场机制滞后选择的领域，如科技型中小企业的融资问题，由于科技型中小企业缺乏申请商业银行贷款所需的抵质押品，或不满足上市条件以及创新项目的高风险性和收益的不确定性，使得市场金融主体不愿对处于创业期初期的科技型中小企业提供资金支持，这时就需要政策性金融对其进行资金支持。政策性金融的投资引导功能主要通过对国家重大关键技术领域或具有较大社会效益的产业进行先期投资，或为市场性科技金融主体提供优惠政策，向社会释放产业政策倾斜信号，从而影响市场金融主体和社会资本的投资预期，充分发挥其杠杆作用，吸引市场金融主体的介入。当其扶持企业进入成熟期后，实现了市场风险与收益的匹配，市场金融的介入意愿增强时，政策性金融就会退出。①

（二）商业性金融

商业性金融主要通过资金集中功能促进科技创新。科技创新活动中的基础研究、科技成果转化和产业化过程的实现需要大规模的资金支撑，而金融体系的流动性创造功能为投资者变现投资项目提供了渠道，有利于长期资本的形成。市场性科技金融主体的介入，如银行等金融机构、资本市场中的投资机构、创业风险投资机构等，能够为不同的科技型企业或同一个科技型企业的不同发展阶段提供不同的资金支持。

第一，银行等金融机构通过储蓄为科技创新提供资金支持。银行等金融机构作为资本积聚与分散的主要载体，通过吸收个人和企业的存款等社会储蓄形成资金的规模化，根据创新项目的获利性和发展前景以及企业经营状况选择发放贷款对象，可以快速、大规模地汇聚资金并投向大规模且无法分割的投资项目，实现经济资源的跨时间、跨地域和跨产业转移，从而将储蓄转化为科技投资，为科技创新提供资金支持，使得新技术或者新产品迅速转化

---

① 段金龙.科技创新的公共金融支持研究［D］.哈尔滨：哈尔滨工程大学，2016.

为生产力。此外，民间金融科技贷款作为科技型企业融资的另一重要来源，其主要通过社会关系从非正规金融部门获得科技贷款，是商业银行贷款和政策性贷款的重要补充。熊彼特指出，"信贷使经济生活……走向成功。没有信贷，现代工业体系就难以创立。现代工业体系只有依靠创新才能建立，而信贷对于实现创新又是至关重要的，因为信贷作为首要因素，是正式以新组合为契机进入循环流转的"①。熊彼特在理论上首次对科技创新与信贷的关系进行了阐述，表明信贷在科技创新发展中的重要支撑作用。

第二，资本市场为科技型企业提供直接融资支持。在市场主导型金融结构中，金融市场通过将不同类型的项目进行分类来满足投资者的不同需求。成长期初期企业可以通过一定量的债券发行进行融资，风险与收益水平均处于银行贷款与股权融资之间。创业期初期企业风险与收益均比较高，可以通过股权融资获得资金。金融市场以多样化的金融产品满足投资者投资需求，并由投资者自身承担项目收益率风险。在满足了投资者多种投资需求外，也满足了企业的多种融资需求。如产权交易市场主要为处于创业期初期的科技型企业提供相关交易服务；三板市场主要为处于创业期后期以及成长期但不能够在创业板上市的科技型企业提供融资服务；而创业板市场则为达到上市条件的处于创业期后期以及成长期的科技型企业提供融资服务；当科技型企业处于成长期后期和成熟期，企业的各项条件达到主板市场的上市要求时，则可以在主板市场进行资金融通。

创业风险投资机构通过签订契约向投资者募集资金，并将资金投向经过严格评估与筛选的具有高成长性的科技型企业，为其提供资金支持。当其所支持的科技型企业成功上市后，创业风险投资机构就会选择出售股权等其他方式退出，以获取高额收益。

三、　风险管理机制

金融资源的风险管理功能主要体现在对处于不同阶段的科技创新项目的风险分散和分担。

（1）从政策性金融的层面看，政府一方面通过财政科技投入、政府采购、

---

① 约瑟夫·熊彼特.经济发展理论［M］.何畏，易家详，译.北京：商务印书馆，2000.

税收优惠以及贷款贴息等方式释放科技创新的早期风险；另一方面通过后补助、权益性资助等方式释放和显现企业的隐性风险。政策性金融机构，如国家开发银行、农业发展银行等，为国家重点发展产业或处于"强位弱势"的群体如科技型中小企业，提供政策性科技贷款支持，以释放科技创新活动的早期风险、降低金融机构投资收益和风险不对称，吸引和引导更多的市场性科技金融资本和社会资本为其提供融资支持。

（2）从商业性金融的层面看，主要是指商业银行、资本市场、创业风险投资机构等通过金融体系的风险管理功能促进科技创新，为科技创新提供风险分散、转移与管理的手段或渠道。①银行等金融中介机构通过风险共担机制实现对科技创新的风险管理。银行对投资者的跨期风险分担机制和金融市场对投资者的横向风险分散机制为技术创新提供了融资机会。在流动性风险的约束下，追求短期利益最大化的风险厌恶型投资主体倾向于将资金投向短期项目，从而导致回报周期长、风险高和投资收益好的科技创新项目投资不足。金融中介机构通过对流动性风险进行管理，可以为投资者迅速变现提供便利，有利于长期资本的形成，从而促进科技创新。②资本市场通过公开信息披露机制实现对科技创新项目或企业的风险管理。对于专业化水平较高、风险较高的产品，资本市场通过证券的自由买卖使风险爱好型投资者承担风险。对于长期投资项目，证券的自由买卖使得项目回报率初期以资本利得的方式表现出来，在缓解了流动性风险的同时使风险得到了跨期转移。③创业风险投资的风险管理功能主要是由专业化的风险投资家来实现的。创业风险投资为权益资本，偏好具有高成长性、高收益性以及高风险性的创新型企业。由于创业风险投资者一般为熟悉某一领域的专家，精通投融资知识和创新项目评估技术，能够准确地判断创新项目的技术风险和市场风险，并根据创新项目的特点成立专门的管理团队，对创新项目进行跟进管理和阶段性投资，为处于不同时期的创新型企业提供融资支持和企业管理，大大推动了创新型企业的成长。其退出是通过 IPO（首次公开募股）出售股权、兼并、内部回购以及破产清算等渠道实现的，以获得高额回报，从而间接促进了技术创新发展。①

---

① 和瑞亚. 科技金融资源配置机制与效率研究 [D]. 哈尔滨：哈尔滨工程大学，2014.

四、　信息甄别与监督机制

科技创新项目的未来价值和发展不确定性较高，并且项目多针对专业化领域，因此投资者获得创新主体信息的成本较高，很容易出现信息不对称问题，并且投资者的信息挖掘具有外部性，很容易出现"搭便车"问题。由于金融系统本身就具有信息筛选和处理的功能，在获取投资项目信息及监督企业行为方面有规模经济效应，信息成本会降低，并且通过甄别不同的项目以确保资金流向较为优质的创新型企业及项目，因此能在一定程度上解决信息不对称问题。但金融结构不同，信息甄别和监督的作用也不同。

（一）金融机构的信息甄别与监督机制

金融机构在发行金融债券或发放贷款的同时获取创新型企业的财务、经营状况等信息，从而使资金供给者的信息和申请贷款的创新型企业的信息均被金融机构掌握，这就降低了双方之间的信息不对称，使得政策性金融机构寻找投资者的信息搜集成本与交易成本降低。以银行为代表的金融机构对企业起到代理监督的作用，主要表现在其对项目进行前期的筛选调查、中期的跟踪监督及后期的总结评估。①在融资前，金融机构对企业相关信息进行分析与处理，从而对企业的科技创新项目的发展前景以及企业的信用状况进行筛选和甄别，凭借专业的评估技术、信息搜集与处理优势，可筛选和甄别出最具发展前途的科技创新项目，降低信息搜寻与处理成本，使得投资者可将资金投向由政策性金融机构挑选出的具有良好发展前景的科技创新项目，有利于金融资源流向最具价值的科技领域，优化公共金融配置。②在融资过程中，由于进行科技贷款的企业的所有权掌握在少数的企业股东手中，因此，银行等金融机构主要对企业实行外部监督以确保获得预期回报。金融机构主要利用其信息生产的专门性对企业进行外部监督，随时关注借款人资金流量的变动情况，及时掌握资金使用情况，从而产生对信贷资金使用情况监督的约束机制。一旦企业的经营状况或财务信息发生不好的变化，或者科技创新项目资金未专款专用，金融机构会采取相应的措施收回贷款，如变卖企业申请贷款时所提供的抵押品、提前收回贷款等。③在贷款完成后，政策性金融机构需要对企业进行信贷配给与事后监督。如出现违反合约或科技创新项目失败无法获得预期回报时，银行可以通过破产清算收回一定额度的贷款；当科技创新项目获得成功时，银行可以通过对创新型企业信息的掌握进一步展开与创新型企业的合作，通过数据库搭建、信用评级等方式构建对企业的信用评级方法，进一步降低信息处理成本和交易成本，在解决部分信息不对称问题的同时，避免了技术人员利用掌握的专业知识产生逆向选择的问题，有利于形成银行等金融机构促进科技创新的良性循环。

（二）资本市场的信息甄别与监督机制

在政府引导下的资本市场中，科技创新项目的信息主要通过公开的信息披露机制直接传递给投资者，投资者根据其价格等信息对科技创新的性质以及发展前景进行分析、比较和甄别，并对企业或创新项目的前景作出判断，从而使创新型企业获得资金支持。政策性担保和科技保险能够为市场充分揭示科技创新主体的信用信息，为金融机构提供贷款决策依据。政府性创业风险投资机构是集资金与人才于一体的机构，其通过专门的评估技术对创新项目信息及企业经营等信息进行处理，分析创新项目的获利性及发展前景，进而决定是否进行投资。

具体而言，资本市场主要通过约束和激励机制实现对创新型企业的监督。约束机制主要表现在：一是对于需要通过上市获得融资支持的企业来说，公开信息披露与上市门槛都是对创新型企业的前期评估，通过筛选将经营状况差或信用情况差的企业淘汰，从而对创新型企业形成约束力；对于投资者来说，当企业通过筛选成功上市后，投资者可以通过公开信息披露了解和掌握创新型企业的经营状况、财务状况等，并对其进行评估，以选择优质的创新项目，确保得到预期回报，这对创新型企业也产生了一定的约束力，降低了创新型企业的道德风险。二是由于创新型企业在上市过程中一直处于投资者的外部监督中，投资者可以"用脚投票"，对创新型企业形成软约束。投资者可以根据创新项目的价格变动决定是否继续持有该创新项目的股票或债券，由此产出的股价波动会对创新型企业的资金流动以及再融资能力产生影响，形成潜在的接管机制，从而对创新型企业形成一定的压力，使得创新项目负责人积极进行科技创新，以确保投资者利益的最大化。激励机制主要表现在：资本市场的市场化运作，通过价格变动引导资金从低效率部门流向高效率部门，即"优胜劣汰"的选择机制，从而使得具有高技术含量、高回报以及良好发展前景的科技创新可以迅速获得资金支持，降低了融资成本和信息交易成本。

　　总体来看，银行通过专业部门进行信息评估，长期合作时将进一步降低信息成本；金融市场通过资本定价反映项目信息，通过证券价格的波动来引导资源流向，并且股权投资者等对所投项目或公司有一定的决策权。

第四章 金融支持创新型中小企业
成长的国际经验与启示

欧美等发达国家的市场经济经历了长期的发展，积累了大量科技金融的运作经验，各国政府依据各自国情，依托自身优势，建立了各具特色、层次分明、行之有效的金融支持创新型中小企业发展的机制，对我国推进科技金融发展具有较大的借鉴意义。

第一节 金融支持创新型中小企业发展的基本模式

一、 市场主导模式

美国拥有典型的以金融市场为主导的金融体系，有着非常成熟的风险投资市场与资本市场，金融支持体系非常健全，为支持中小企业科技创新的发展奠定了坚实基础。

（一）完善的法律法规体系

美国一直非常重视金融支持科技，尤其是支持科技型中小企业活力的发挥，因而在法律制度方面，制定了完善的法律体系帮助科技型中小企业发展。

在促进发展方面，1953 年美国的《小企业法》建立了中小企业信用担保制度，解决中小企业融资难问题。同时，法案明确将推动中小企业创新列入政府职能，规定政府每年要向国会递交有关中小企业技术创新和提供新的就业机会等方面的情况。此外，还要求政府通过财政支出对中小企业进行支持，规定政府采购合同中必须将采购金额按一定比例分配给中小企业，从而激励中小企业的创新。1958 年出台《小企业投资法案》后，美国成立中小企业投资公司，该公司主要以股权投资的形式，投资种子期和成立 3 年以下的初创企业。1982 年美国的《小企业创新发展法案》规定研究开发预算超过 1 亿美元的联邦政府必须预留经费的 2.5%，促进中小企业科技创新。此外，1986 年《税收改革法》、1992 年《小企业股权投资促进法》、1997 年《投资收益税降低法案》、2003 年《新市场风险投资计划》都为美国中小企业的发展提供了法律支持和税收、政策优惠等保障。①

在资本市场融资方面，1999 年美国出台《金融服务现代化法案》，对投资银行进入风险投资市场给予较宽松的条件，特别是银行在基金公司中持有股权的比例可达 100%。该法案打通了间接与直接金融市场，提高了资本市场供给，为中小企业在公开市场融资提供便利。2012 年美国颁布了《乔布斯法案》，简化和降低了处于发展阶段的成长型公司实施 IPO 和公开披露的相关要求和标准，并调整私人公司融资规则限制，推出新的众筹模式方案，使科技型中小企业能更容易地在公开市场筹集资本。美国政府通过立法，充分利用了美国发达的资本市场，为资本推动科技发展提供肥沃的制度土壤，实现了"大市场，小政府"的科技金融结合机制。

在科技创新激励方面，美国先后出台了 1950 年《美国国家科学基金会法案》、1976 年《国家科学技术政策、机构和优先目标法》、1978 年《研究开发法案》、1980 年《贝赫—多尔大学和小企业专利法》、1980 年《史蒂文森—威德勒技术创新法》、1982 年《小企业创新开发法》、1986 年《联邦政府技术转让法》、1991 年《美国技术优先法》、2000 年《技术转移商业化法》、2005 年《国家创新法案》以及研究领域的永久税费优惠制度等，② 以立法的形式激励社会资本进行科技投资，规定了政府对科研投资的具体比例，对企业的科研投资产生的盈利部分免予征税，构筑一个鼓励创新和科学研究的法律体系，对科技型中小企业等以研发为主的企业的发展起到了良好的促进作用。

在知识产权保护方面，美国不仅很早就确立了专利制度，而且将专利保护的相关权利写入了宪法。③ 美国在知识产权的产生、归属和流转等各个环节

---

① 袁红林. 完善中小企业政策支持体系研究 [M]. 大连：东北财经大学出版社，2010.
② 陈俊. 自主创新与立法保障：比较与借鉴 [M]. 上海：复旦大学出版社，2009.
③ 阮铮. 美国中小企业金融支持研究 [M]. 北京：中国金融出版社，2008.

都形成了法律的保障机制，使科技创新活动有良好的制度保护体系。

在信用担保方面，美国拥有健全的信息披露和信用法律制度，建立了优良的信用担保体系，有效降低了科技型中小企业的经营风险，更方便金融机构及风险资本对科技型中小企业进行投资。

在公平竞争环境方面，《美国破产法》为科技型中小企业优胜劣汰，退出市场提供了保障。《谢尔曼反托拉斯法》限制垄断大企业的过度扩张。

（二）建立专门的政策性金融机构

为解决美国中小企业研发资金问题，支持美国中小企业创新发展，依据《小企业法》，美国在国家层面、区域层面和社区层面分别设立了小企业管理局（Small Business Administration，简称 SBA）。美国小企业管理局作为一个专门的政府机构，为中小企业发展提供信息、咨询、培训等全方位的服务，也为中小企业提供政策性融资服务。具体包括：为中小企业提供担保以帮助其获得商业银行贷款、协助中小企业获得联邦部门的研发项目、为中小企业直接提供风险资金、为中小企业科技创新提供直接融资服务等。美国小企业管理局的设立及其职能的运行，使美国各类科技创新型中小企业成功的概率有了很大的提高，在一定程度上对科技创新活动起到了良好的激励作用。此外，由于美国小企业管理局是政府职能部门，对于投入中小企业的各种资金，重在发挥其有限资金的杠杆作用，不刻意追求高额回报，而是为了激励更多的私人资本的加盟。例如，美国小企业管理局为小企业直接提供融资服务，如小企业投资公司计划、担保贷款、小企业技术转移计划（Small Business Technology Transfer Research，简称 STTR）以及小企业创新研究计划（Small Business Innovation Research，简称 SBIR）等，其中对促进美国小企业技术创新最为成功的是小企业技术转移计划和小企业创新研究计划。美国小企业管理局还出资创立了网络服务中介——天使投资网，以便交流信息，提供中介服务，支持天使投资的发展。[①]

1982 年，美国政府为专门援助小企业进行科技创新活动，设立了一个直接财政计划——小企业创新研究计划。该计划要求美国多达 10 个部门，包括

---

① 张晖. 美国韩国科技金融支持体系给我国的启示 [J]. 上海企业，2016 (2).

环保部、卫生部、能源部等，支出一定比例的政府研究开发预算以支持小企业科技创新活动，SBIR 为促进小企业的科技创新贡献了巨大力量。事实上，SBIR 并没有通过政府行为来约束研究机构在小企业科技创新过程中所担任的角色以及参与深度。因而该计划可认为政府和企业的关系是平等的，不存在领导与被领导的关系，主要是"政府—企业"二元合作，而各个具体项目决定研究机构的参与程度。

1992 年，为了加快科研机构将科技创新成果转化为生产力，加速其市场化、产业化进程，促使企业与研究机构进行直接的合作，进一步推动高新技术经济的不断发展壮大，美国通过了《加强小型企业研究与发展法》，同时设立了由美国小企业管理局负责协调和组织的小企业技术转移计划。该计划的主要特征在于：对小企业的技术需求十分关注；构建了一个基于政府—企业—科研机构的 STTR 三方互动平台；政府作为创新平台在中小企业发展中提供资金和政策，扮演着良好的服务者角色。

（三）多层次的直接融资市场

美国是全球金融体系最发达的国家，资本通过风险投资市场、风险贷款市场与资本市场三个渠道进入高科技行业，这些资本有力地支持了美国科技型中小企业的发展。

一是风险投资市场。美国有成熟的风险投资体系。风险投资是一种由专门的机构或风险投资专家将他人资本进行投资和管理的投资方式，风险投资专家获得管理费和一部分投资利润，这种方式有效地为科技型中小企业提供了企业发展所需的巨大资金。[①] 美国的风险投资采取以市场需求为导向、"政府引导、市场决定"的运作模式，是创新型经济的重要推进器，有效地助推了美国一批有巨大潜力的科技型中小企业成长为国际化的大企业。据统计，美国风险投资资金为美国 GDP 仅贡献了 1% 的力量，然而，美国企业在获得创业风险投资后，却贡献了美国 GDP 的 11%。在美国，机构基金占绝对主导地位，且资金来源广泛而稳定。美国风险投资资金来源多元化，多种风险投资供给主体共同对企业的科技创新给予风险投资，这些主体有政府、投资银

---

① 鄢梦萱. 中小企业间接融资的法律问题研究 [M]. 北京：法律出版社，2008.

行、非银行金融机构、大公司、养老保险基金、银行控股公司、养老保险、保险公司以及外国投资者等。他们在投资上相互补充，使技术、资金在美国的企业和金融机构之间流动十分活跃。风险投资公司将成千上万份分散的中小额风险投资资金聚集起来，形成具有一定规模的风险投资基金，通过投资代理人进行市场化运作。联邦和地方政府顺应创新型经济的发展，积极引导风险投资公司向高科技创新型企业集聚，通过风险投资的发展促进高新技术产业化发展。① 目前，美国有4 000多家风险投资公司，风险投资额占全世界的50%以上，每年有超过10 000个高科技项目得到风险资本支持，每年新投资的项目数及其金额数都稳居全球首位。

二是风险贷款市场。风险贷款相比风险投资是一个新兴的领域，最早的形式是风险租赁，目前美国风险贷款市场已经形成以4家银行型风险贷款和9家非银行型风险贷款为主导的市场局面。成立于1983年的硅谷银行（Silicon Valley Bank）是世界上最著名的科技银行。硅谷银行为硅谷地区70%以上的风险投资支持的企业、全美50%以上的风险投资支持的企业提供服务，提供比一般的贷款利率高2% ~5%的贷款服务，服务初创企业累计超过3万家，坏账损失率不到1%。

三是资本市场。美国有较完善的股票市场和发达的债券市场。美国的股票市场体系发达、层次多样、功能完备。其中，全国性的证券交易所市场有两个，分别是美国证券交易所（AMEX）和纽约证券交易所（NYSE）；区域性的证券交易所市场有五个，分别是太平洋证券交易所（PASE）、中西部证券交易所（MWSE）、费城证券交易所（PHSE）、芝加哥期权交易所（CBOE）以及辛辛那提证券交易所（CISE）；而场外交易市场（OTC）有三个，分别是场外交易市场行情公告板（OTCBB）、纳斯达克市场（NASDAQ）和粉单交易市场（Pink Sheets）。在美国支持高科技产业化的多层次资本市场融资体系中，有以证券交易所为代表的主板市场、以NASDAQ为代表的二板市场、以OTCBB为代表的三板市场以及非正规市场上流通的私人权益资本市场。这些不同层次的股票市场具有不同的上市标准，可以满足不同科技型中小企业的融资需求。其中，NASDAQ能满足中小企业特别是高科技企业的融资需求，

---

① 姚瑞平．美国支持中小科技企业创新的财税金融政策研究［J］.经济纵横，2011（7）．

因此美国最具成长性的中小企业中有 90% 以上在 NASDAQ 上市，为风险投资市场的有效退出渠道。其中，NASDAQ 为高科技企业由小到大的发展提供不同规模的融资服务，并且 NASDAQ 的上市门槛很低，可以为达不到正规上市要求的科技型中小企业提供融资渠道，从而为科技型中小企业上市创造了有利条件。当这些科技型中小企业还没有资格在纽约证券交易所上市时，NASDAQ 为这些企业上市开了方便之门。企业上市既可以通过资本市场筹措资金，又能够成为激励创业者的主要动力。NASDAQ 的存在是促使美国高科技产业和创业投资成功的一个重要因素。

风险投资市场、风险贷款市场与资本市场形成了美国最完善的、资本主导的科技金融结合机制，体现了市场在科技创新与产业化中的强大力量，是美国独占世界科技发展鳌头的最重要动力。①

（四）完善的信用担保体系

完善的信用担保体系在美国科技金融发展中发挥了重要作用。美国的信用担保体系主要有以下四个特点：

第一，成立专门的中小企业信用担保机构。美国于 1953 年成立小企业管理局，为中小企业提供政策性贷款担保，在一定程度上提高了商业性金融为中小企业提供贷款融资的积极性。

第二，健全的信用担保相关法律法规。美国针对中小企业建立的法律法规体系非常健全，这有效地保障了中小企业信用担保体系的正常运行。美国的《小企业法》中明确规定了信贷担保的用途、金额、范围和信贷担保的保费标准等。如有关担保企业资格这一项的规定如下：获得担保的企业必须符合中小企业标准，获得担保企业必须主动投入一定比例的资本金等。

第三，信用担保体系覆盖面广，层次多样，各具特色的信用担保体系可满足各类中小企业的融资需求。美国的信用担保体系涉及全国所有中小企业，覆盖面特别广，可以为中小企业提供不同性质、不同类型的担保，以使中小企业更有效地获得贷款。美国的中小企业信用担保体系包括三个层次：一是全国性的中小企业信用担保体系。美国小企业管理局规定，对 10 万美元的贷

---

① 李善民，陈勋，许金花. 科技金融结合的国际模式及其对中国启示［J］. 中国市场，2019（5）.

款可以提供 8 万元的担保，对 75 万美元以下的贷款可以提供占总贷款额 75%
的担保，中小企业可以拥有 25 年内的贷款偿还期。二是区域性的专业担保体
系，这一层次一般由地方政府操作，因各州的实际情况不同，各有特色。三
是社区性小企业担保体系。

第四，完整的分散和规避风险机制。美国的信用担保体系比较完善，具
有较好的风险分散和规避机制。主要做法有：一是对企业实行风险约束，规
定金融机构的担保比例以分散风险。二是规定担保比例以分散风险。担保机
构和银行根据贷款规模和期限进行一定比例的担保。三是制度透明，管理非
常规范。美国小企业管理局内部管理非常透明和规范，每年都要完成中小企
业信贷担保计划执行情况的报告，并提交国会，国会举行听证会，审查中小
企业信贷担保计划预算和执行情况。四是担保业务操作过程规范，降低项目
的风险性。①

（五）引导和激励金融支持科技创新的政策

第二次世界大战后，美国在科技体制与政策的制定中提出加大科研经费
投入规模，并逐渐形成了国家实验室与企业合作的研究体系，初步确定了政
府支持基础研究的科技体系。20 世纪 70 年代，美国政府利用国家实验室的先
进设备、先进技术和充裕的资金，将研发出的科技成果转移到私人部门，以
促进科技型企业、高校与联邦实验室体系的合作；积极组建产学研联盟与工
程研究中心，加强对科技人才的培养和加大对研发活动的资金支持，鼓励私
人部门的研究与发展活动。20 世纪 90 年代以后，美国加大对基础研究和科学
教育领域的资金支持，重视科技成果转化和产业化，并逐步形成了一批以政
府为主导的科技机构体系，主要包括：①美国国家科学基金会（NSF），主要
为除生物领域外的科学和工程领域的学术研究提供支持，是基础研究领域的
主要支持机构；②美国能源部科学办公室（DOESC），主要用于研究和建设尖
端设施；③美国国家标准与技术研究院（NIST），主要从事的技术研究包括技
术创新、先进的测量技术研究和技术标准的发展研究。

---

① 邵华 . 美国金融支持科技创新的经验及启示 [J]. 商业时代，2014（28）.

（六）创新的科技金融服务模式

美国政府重视法规制度和创业环境建设，塑造科技金融文化。政府对科技金融的发展并不直接介入，其主要职责是提供自由的创新环境和健全的法律环境。以互联网为代表的现代信息科技，特别是移动支付、社交网络、搜索引擎和云计算等，对科技金融服务模式产生了根本影响。互联网金融服务平台的搭建，能够突破时空限制，为交易双方提供丰富的信息资源；省去了传统庞大的实体营业网点费用和高昂的人力资源成本，进一步促进了民间融资的增长，使互联网金融呈现出旺盛的生命力。创新的科技金融服务模式主要体现在：一是银行与创业投资企业、证券公司建立紧密的合作关系。例如，硅谷银行是200多家创业投资基金的股东或合伙人，并建立了创业投资咨询顾问委员会，从而使得硅谷银行与创业投资基金共同编织了一个关系网络，便于更好地共享信息，开展更深层次的合作。二是银行突破了债权式投资和股权式投资的限制。创业投资的大部分资金源于债券及股票销售，但科技银行从客户基金中提取部分资金作为创业投资的资本，而后将资金以借贷形式投向创业企业，收取高于市场一般借贷的利息。同时，与创业企业达成协议，获得其部分股权或认购股权。三是建立咨询专家库，聘请外部专家。其充分发挥专家对科技型企业的专业判断能力，由专家对科技型企业授信调查和融资决策提供咨询意见，提升对科技型企业的风险识别和控制能力，提高融资决策的科学性。四是风险控制模式创新。其采用慎重的投资选择与多元的风险控制保证科技银行降低风险。在多元的风险控制中，将创业投资和一般业务风险隔离；对不同行业、不同阶段、不同地域、不同风险的项目进行组合投资。五是退出方式创新。其主要采用公开上市方法实现创业投资退出。对于没有上市的创业企业，科技银行还采用收购方式退出。①

二、 银行主导模式

日本、德国的金融支持体系主要以间接金融为主，银行在金融体系中占据主导地位，促进了创新型中小企业的发展。

---

① 胡新丽，吴开松. 光谷与硅谷：科技金融模式创新借鉴及路径选择 [J]. 科技进步与对策，2014（5）.

（一）日本

1. 较为完善的法律体系

日本的科技型中小企业对经济的发展发挥了重要的作用。日本政府在 1963 年制定了《中小企业基本法》，整体奠定了中小企业相关政策的基本思路。此后又陆续制定了《中小企业现代化促进法》《中小企业技术基础强化税制》以及《中小企业技术开发促进临时措施法》等关于中小企业的多部法律，形成了比较完整的中小企业发展法律体系。

1999 年，鉴于《中小企业基本法》原有政策目标已不能适应中小企业的发展需要，日本政府对其进行了重大调整。此次调整主要包括三方面：一是促进经济创新和创业，扶持企业的自主能力；二是巩固、充实经营基础，继续在资金、人才、技术等经营资源方面提供支持，促进交易公正化；三是建立安全保证网络，使中小企业具备适应环境剧烈变化的应变能力。在此基础上，日本在促进中小企业的经营革新及创业方面有 5 部法律，在强化中小企业经营基础方面有 15 部法律，在顺利适应经济和社会环境变化方面有 7 部法律，在资金供应、充实自有资金方面有 7 部法律，在支持小规模企业发展方面有 2 部法律，在中小企业的行政组织方面有 1 部法律，形成一套完整的支持中小企业发展的法律体系。[①]

在风险投资方面，出台了了《中小企业创造法》，这是日本第一部支持对科技型中小企业进行风险投资的法律。该法出台的次年，日本各县设立了"风险财团"，专门用于投资研发型风险企业。1997 年，日本开始实施天使税制，对投资风险企业的天使投资人提供税收优惠。1998 年，日本出台《中小企业投资事业有限责任合伙合同法》，并设立中小企业综合事业团（后改为中小企业基础设施建设机构），专门从事中小企业风险基金投资项目。2011 年，《产业活力再生及产业活动革新的特别措施法》出台后，中小企业基础设施建设机构开始为风险企业债务提供担保。[②] 2013 年出台的《产业竞争力强化法案》进一步加强了政府对企业风险投资的税收扶持。

在科技方面，日本比较重视技术的引进、产学研的结合以及科技成果向

---

① 范肇臻. 日本中小企业金融支持模式及特点 [J]. 现代日本经济，2009 (3).
② 文杰. 美国和日本科技金融发展经验及启示 [J]. 财经界，2018 (11).

生产力的转化，先后颁布了《科学技术基本法》《强化产业技术办法》《产业活力再生特别措施法》《新技术开发事业团法》以及《知识产权基本法》等一系列推动科技成果转化的法规。日本依据《科学技术基本法》制订科技发展规划，制定科技立国的方针和知识产权立国的策略，对科技型中小企业加大投入，鼓励技术创新。

在金融方面，日本制定了《中小企业现代化促成法》《中小企业金融公库法》《中小企业信用保险公库法》《中小企业信用保证协会法》等法律。这一套完善的法律制度体系，对于促进日本中小企业融资机构的规范与健康发展，提高其资产质量和经营的安全性具有重要的意义，同时客观上为中小企业的发展提供了一个宽松而畅通的金融环境。①

2. 银行主导的间接融资体系

日本的间接融资市场发达，形成了银行主导的科技金融体系。为使银行更好地为科技型中小企业提供融资服务，日本对银行融资体系进行改革创新。一是取消有关金融机构禁止对公司进行持股的规定，允许金融机构对公司进行持股；二是创新融资工具，允许银行将公司贷款的应收账款出售，允许非银行机构将某些资产证券化并出售，使得贷款成为具有流动性的资金；三是改革融资制度，对缺乏传统抵押担保物的创业企业，允许以知识产权作为担保获得长期资本供给，从而解决科技型中小企业融资困难的问题。日本以银行为中心的科技金融体系，使银行和企业建立长期稳定的关系，形成了对企业的有效监管，有助于解决融资过程中信息不对称的问题。

此外，为满足中小企业的融资需求，日本政府建立了相应的政策性金融机构。其中，全国性的政策性金融机构包括中小企业金融公库、国民生活金融公库、商工合作社中央公库（见表4-1）。这三个政策性金融机构的主要功能是为中小企业发展提供低息融资服务，但功能各有侧重。国民生活金融公库主要提供小额周转资金贷款，服务对象是规模较小的中小企业。中小企业金融公库支持规模较大的中小企业，为其提供长期低息贷款。由政府和中小企业协会等团体共同出资组成的商工合作社中央公库，则对团体所属成员提供贴现票据、无担保贷款等金融服务。这些政策性金融机构在一定程度上改善了科技型中小企业融资难问题。②

---

① 翟立宏，谢锋. 中小企业发展的金融支持：日本的经验与启示 [J]. 经济问题，2004（2）.
② 陆岷峰，汪祖刚. 关于发展科技金融的创新策略研究 [J]. 西部金融，2012（5）.

表4－1　日本支持科技创新的部分政策性金融机构①

机构名称	成立时间	主要目的	资金来源
中小企业金融公库	1953 年	向规模较大的中小企业提供长期低息贷款，贷款侧重支持重点产业	政府拨付的资本金、向政府借款及发行中小企业债券
国民生活金融公库	1999 年	对从银行等金融机构融资较为困难的、规模较小的中小企业进行小额周转资金贷款	政府拨付的资本金和向政府借款
商工合作社中央公库	1936 年	由政府和中小企业协会等团体共同出资组成，对团体所属成员提供无担保贷款、贴现票据等金融服务	政府拨付的资本金和发行中小企业债券

注：1999 年（平成 11 年）10 月 1 日，原国民金融公库与环境卫生金融公库整合，成立国民生活金融公库。

3. 健全的政策性金融体系

日本通过设立不同种类的国有政策性金融机构，为中小企业的发展提供资金支持。日本战后成立的政策性金融机构满足了企业技术创新对资金的需求，政策性金融机构对企业的技术创新活动先行融资，从而引导了民间金融机构的融资，进而带动了社会庞大的资金存量向技术创新转移。日本有三家由政府直接控制和出资的中小企业全国性金融机构，即中小企业金融公库（设置在各都、道、府、县，共 59 家）、国民生活金融公库（总行及各分行共 152 家）和商工合作社中央公库（设置在各都、道、府、县，国内 100 家，国外 2 家），对中小企业进行融资。中小企业金融公库是日本政府依据《中小企业金融公库法》于 1953 年设立的，其业务范围主要有：提供长期固定利息贷款和政策性特别贷款，重点支持从事新事业、建立新企业、改善经营、开发新技术等活动；在经济形势恶化的情况下，发挥安全网的作用，使那些有成长前景的中小企业不受经济环境的影响；提供各种信息和咨询服务，使中小企业能适应环境变化。国民生活金融公库是由原国民金融公库和环境卫生金融公库合并而成，成立于 1999 年，是日本政府专门为其国内 20 人以下的

---

① 邓平. 中国科技创新的金融支持研究 [D].武汉：武汉理工大学，2009.

小规模企业和公民个人提供小额资金支持而设立的政策性金融机构，其业务种类主要有普通贷款、特别贷款、经营改善贷款、养老和互助年金担保贷款、教育贷款、环境贷款等。商工合作社中央公库成立于1936年，是一家半官半民性质的金融机构，其中政府出资78%，另外22%的资本金来自中小企业组合机构。其业务范围除办理存贷款外，还发行贴现金融债券、带息金融债券和利息一次付清的金融债券，以此扩大资金来源，为中小企业提供充足稳定的优惠贷款。这三家机构对中小企业发放的贷款金额占日本金融整体的10%左右。[1]

4. 政府的直接扶持政策

为履行对中小企业提供管理指导与信息服务的职能，日本政府于1948年设立了中小企业厅，隶属于通产省，各都、道、府、县也相应设立了中小企业局，通产省在驻各地的派出机构中设立了中小企业科。与此体系并行的是遍及全国的中小企业情报网络，它收集国内外与中小企业有关的各种经济、技术资讯，并通过中小企业地区情报中心和各地的中小企业局，将资讯提供给中小企业。

日本政府还制定了经济资助政策，主要包括财政补贴、税收优惠和贷款优惠等三大政策。财政补贴政策是政府直接对技术创新项目进行补贴，鼓励中小企业使用新技术和加快技术改造。据统计，日本政府每年提供补助金额平均为300亿日元。同时，政府还出资帮助中小企业同各有关研究机构进行联合研究，开发实用性技术，成果由企业和国家共享；政府拨款20多亿日元，建立知识产权中心，以促进专利技术的流通和中小企业引进专利技术。对于中小企业的研究开发资金，由政府机关行使债务保证并对开发风险进行保险补偿，如对社团法人研究开发企业培育中心所进行的债务保证制度。税收优惠政策是政府对有关产业技术研究与开发活动实行倾斜减税，如税额扣除、收入扣除、特别折旧、装备金和基金制度、压缩记账等，为推行企业向现代化和结构向高级化改善政策，对中小企业从税制上实行免税注册。贷款优惠政策是政府通过政策性银行，以低于商业银行的利率向企业提供低息贷款，支持中小企业从事技术开发或采用低价租赁设备投资，提升生产设备性

---

① 范肇臻. 日本中小企业金融支持模式及特点［J］. 现代日本经济，2009（3）.

能，提高产品质量。日本政府一般在中小企业实力比较薄弱的阶段，对其采取长期低利率贷款的直接资助方式，随着中小企业的实力增强，再逐步转向交付保证金、保证金负担等间接资助方式。

5. 多元化的资本市场

受银行主导模式的金融体系影响，日本的直接融资市场发展相对缓慢。自 20 世纪 80 年代以来，日本资本市场逐步完善，为越来越多的科技型企业提供了直接融资的途径。日本的证券市场由主板市场、二板市场和三板市场 3 个层次构成。主板市场包括东京、大阪、名古屋、京都、广岛、福冈、札幌等八大证券交易所的市场一部，主要对象是大型企业。其中，东京证券交易所和大阪证券交易所分别是全国和关西地区的中心性市场，而名古屋、福冈和札幌证券交易所则交易量相对较小。日本主板市场中的市场二部其实就是中小板，即日本证券市场的二板市场。三板市场是新兴市场。东京证券交易所建立的 MOTHERS（Market of the High – Growth and Emerging Stocks），相当于创业板市场，为未达到一部和二部上市条件的高科技企业提供交易场所。2008 年，大阪证券交易所收购 JASDAQ，成为日本最大的创业板市场，主要面向科技型中小企业和风险投资企业。名古屋证券交易所的 Centrex、福冈证券交易所的 Q – Board 和札幌证券交易所的 AMBITIOUS 也是新兴市场，上市条件更为宽松，主要面向当地的创业型中小企业。

日本对债券市场也放松管制，增强了日本企业利用企业债券市场融资的能力。具体措施有：允许日本企业在国内和国际市场发行无担保的公司债券；设立贷款债权交易市场；丰富银行发行企业债券的产品；解除对证券公司、保险公司、外国投资银行等金融机构业务范围的限制等。[1]

6. 支持创业风险投资

日本的风险投资开始于 20 世纪 50 年代，日本政府于 1951 年设立了风险企业开发银行，作为支持中小企业金融的一项举措，其主要经营业务是向风险企业提供低于市场利率的事业贷款，自此掀起了日本风险投资热潮，各种中小企业风险投资公司相继成立，大大缓解了高科技、成长型中小企业融资难的问题。1963 年日本出台《中小企业投资育成公司法》，以该法为基础，

---

[1] 金珊珊，雷鸣. 日本科技创新金融支持体系的发展模式及启示［J］. 长春大学学报，2013（9）.

日本在大阪、东京、名古屋成立了中小企业投资育成公司，其主要资金来自政府拨款、地方团体出资，其主要功能是向产业基金提供债券担保及贷款。1975 年日本政府又成立了一家非营利基金——日本风险企业中心，主要从事为风险企业提供贷款担保以及组织企业交流等事宜。20 世纪 90 年代，伴随着生物科技、新能源、新材料等产业的发展，日本风险投资迎来了发展高潮。日本风险投资公司绝大多数是由银行、证券、保险公司及大型企业出资设立的，其主要投资对象是高新技术中小企业。

与美国由市场推动形成、发展风险投资业不同，日本政府在风险投资中发挥了重要作用。从资金来源看，政府和金融机构是风险投资市场的主要力量。日本风险投资市场的资金主要来自政府和金融机构。1951 年，日本成立专门负责向风险企业提供低息贷款的风险企业开发银行，并逐渐发展形成以银行等金融机构为主体的风险投资业，政府则在其中起主导作用。除了政府出资的风险投资公司外，其他风险投资公司多附属于大金融机构、大企业集团，其中，又以银行、证券等金融机构设立的投资公司为主。从资金投向看，日本风险投资的投资方向较为分散。导致这一现象的原因主要有三个：一是风险投资公司从业人员大多来自母公司（银行、保险公司等），专业知识较为欠缺；二是日本金融系统以主银行制为特征，间接融资市场发达，而直接融资市场发展相对缓慢，风险投资没有通畅的退出渠道；三是在没有通畅的退出渠道下，日本风险投资公司大多偏向于为其母公司的业务发展做铺垫，资金投向也多是在企业创业期后期。所以，日本的风险投资在一定意义上是银行业的延伸，在一定程度上整合了直接融资市场和间接融资市场，由此推动了科技型中小企业的发展。[①]

7. 完备的信用担保体系

为了解决金融机构对中小企业提供金融服务面临的困难，日本颁布了《中小企业信用保证协会法》和《中小企业信用保险公库法》，使信用担保有法可依。与美国发达的直接融资市场不同，日本结合本国银行主导的科技金融市场的特点，建立了具有本国特色的信用补全制度。信用补全制度构成的信用担保体系包括两级担保：一是担保与保险相结合，包括信用保证协会制

---

① 黄灿，许金花. 日本、德国科技金融结合机制研究［J］.南方金融，2014（10）.

度和中小企业信用保险制度。信用保证协会制度是指信用保证协会在中小企业向金融机构借款时为其提供担保服务；中小企业信用保险制度是指信用保证协会在为中小企业提供担保时，会和中小企业信用保险公库签订合同，当中小企业无法还贷时，信用保证协会可根据合同向中小企业信用保险公库索赔保险金。二是中央与地方共担风险，即政府根据情况补偿信用保证协会的最终损失。①

日本的信用担保体系分为中央和地方两级，地方设立信用保证协会，中央设立中小企业信用保险公库，完全由中央财政负担，主要为地方的信用保证协会提供再担保。当企业不能按时还款时，由中小企业信用保险公库和信用保证协会共担风险，并由中小企业信用保险公库承担 70% ~ 90% 的贷款风险，来保证信用保证协会的正常运行。日本各都、道、府、县均成立了信用保证协会，专职为中小企业从民间金融机构借款的债务进行担保，同时委托商业性金融机构或社会中介组织对申请担保的企业实行严格审查，并按照贷款额收取 0.5% ~ 1% 的担保费。② 商工会和商工会议所则承担了为小规模企业融资提供信用评价的职能。它们对申请贷款的中小企业进行审查并将符合信用条件的企业推荐给国民生活金融公库和商工合作社中央公库。

总体来看，日本的信用体系可概括为"一项基础、三大支柱"。"一项基础"为基本财产制度。基本财产由政府出资、金融机构摊款和累计收支余额构成，并以此作为信用保证基金，承保的最高法定限额为基本财产的 60 倍。"三大支柱"分别是信用保证保险制度、融资基金制度和损失补偿金补助制度。在信用保证保险制度中，企业的信用保险公库与信用保证协会之间存在着再担保的关系。信用保证协会向中小企业信用保险公库支付保证费收入的40% 作为保险费，而中小企业信用保险公库则承担信用保证协会 70% 或 80%的代偿风险。融资基金制度是指信用保证协会从中央政府（通过中小企业信用保险公库）和地方政府按政策性利率吸收借款，再按市场利率存入银行以赚取利差。损失补偿金补助制度是指信用保证协会的最终损失是由政府拨款补偿。科技型中小企业融资时如果缺失一般抵押物或者信用记录不完善，中

---

① 文杰. 美国和日本科技金融发展经验及启示 [J]. 财经界，2018（11）.
② 许超. 我国科技金融发展与国际经验借鉴——以日本、德国、以色列为例 [J]. 国际金融，2017（1）.

央与地方风险共担、担保与保险再结合的信用保证体系就能为企业提供担保。担保体系在很大程度上完善了银行主导型的间接融资市场,在较大程度上解决了科技型中小企业融资难的问题,一定程度上保证了创新的持续性。[①]

日本的信用补全制度被誉为最完善的信用担保体系,在间接融资市场发达而直接融资市场不发达的不平衡金融市场中实现了较好的政策效果,其担保规模在 1999 年末就已远远超过美国,较好地解决了科技型中小企业融资难的问题,有效地促进了科技型中小企业的发展(见表 4 – 2)。

表 4 – 2　日本信用担保体系的发展进程[②]

年份	进程
1937	成立第一个地方性中小企业信用担保协会——东京都中小企业信用担保协会
1950	制定《中小企业信用保险公库法》,该法的出台为日本担保业的发展夯实了基础
1951	日本信用保证协会成立
1952	日本共设立了 52 个(47 个都、道、府、县和 5 个市)有独立法人资格的信用保证协会,为企业提供全额担保
1953	《中小企业信用保证协会法》颁布,并明确规定了信用保证协会的目的是"谋求使中小企业者的金融活动顺利进行",日本信用保证协会以《中小企业信用保证协会法》为准则,不以盈利为目的,以支持中小企业的产业政策为目标
1955	日本信用保证协会改组为全国信用保证协会联合会,负责协调信用保证协会内部关系以及对外与政府的关系
1958	依据《中小企业信用保险公库法》,对日本中小企业进行信用保险

(二)德国

德国的金融体系以全能银行占据主导地位,对德国经济稳定发展起着重要作用,德国在科技上取得的进步都离不开其科技金融体系的强大支持。

1. 完善的法律法规

德国政府先后制定了一系列政策法规,推动了科技型中小企业的发展,

---

① 陆岷峰,汪祖刚.关于发展科技金融的创新策略研究 [J].西部金融,2012 (5).

② 黄灿,许金花.日本、德国科技金融结合机制研究 [J].南方金融,2014 (10).

例如《关于提高中小企业的新行动纲领》《联邦政府关于中小企业研究与技术政策总方案》等，同时各州也制定了《中小企业促进法》，并实施了相应的政策措施支持科技型中小企业。2005年，德国政府制定并出台《高技术战略》，启动了高科技创业基金（HTGF）。该基金由联邦经济技术部主导、德国复兴信贷银行与知名企业集团辅助共同成立，为处于研发初期、存在高风险的科技型中小企业提供资金支持。

2. 大力发展政策性银行

为了解决商业信贷进入科技领域不足的问题，德国政府采取了以政策性银行信贷带动商业信贷的方法，鼓励政策性银行（德国清算银行和德国复兴信贷银行）为科技型中小企业提供长期贷款支持。同时，各州的政策性银行可作为上述两大政策性银行的补充。德国政府每年向这两大政策性银行提供50亿欧元补贴，以便其向与科技型中小企业有业务往来的商业银行提供2%~3%的利息补贴，科技型中小企业因此而受益。此外，科技型中小企业有机会得到欧洲复兴计划的自有资本援助计划、德国清算银行的创业援助计划等的支持。德国政府还设置了特殊专项贷款，重点扶持高科技中小企业发展。①

3. 特色信用担保体系

早在1954年，德国就已经开始实施中小企业信用担保，目前已形成了较为完善的风险分担体系。该体系分为三个层次：第一层是由联邦州的担保银行进行担保；第二层是由联邦州政府进行担保；第三层是由德国政府进行担保。在这个体系中，主要通过两种方式进行运作：一种方式是由联邦州政府（第二层）和德国政府（第三层）的财政部门或代理机构直接向企业提供信用担保。但这种方式仅仅是针对大中型企业，因此业务量相对较小，担保额较大（100万~1000万欧元）；另一种方式是担保银行（第一层）通过市场化运作，向企业提供担保。德国的担保银行以自身信用做抵押物为中小企业提供担保服务，最高担保额为100万欧元。

经过多年的发展，德国担保银行已形成了一套完善的风险分担机制：担保银行承担80%的贷款风险，商业银行仅承担20%的贷款风险。然而当担保银行发生代偿损失时，政府会承担其损失的65%（其中联邦州政府承担26%，德国

---

① 黄灿，许金花. 日本、德国科技金融结合机制研究［J］.南方金融，2014（10）.

政府承担39%）。担保银行虽然以市场化方式运作，但得到了政府的支持，如政府规定若担保银行的新增利润仍用于担保业务则可享受税收优惠。

在政府的支持下，德国担保银行稳步发展，并通过担保业务，改善了银行的收益风险分布和中小企业的融资环境，完善了银行融资体系，并通过银企互动合作机制，支持了德国中小企业，尤其是科技型中小企业的发展。2010年，担保银行撬动银行贷款18.38亿欧元，为近7 000家中小企业提供了7 983笔担保，缓解了中小企业因缺乏抵押物而无法融资的问题，支持了科技型中小企业的发展。可以说，德国发达的间接融资市场是其科技金融模式的核心竞争力。[①]

4. 完备的信息共享等中介服务

德国政府大力推进相关信息共享以及职业培训等中介服务。该国工商企业必须加入工商会并且缴纳会费。而工商会则需对入会企业提供全面的中介服务，包括法律评估、技术咨询、信用证明等；同时，需按规定对入会企业相关岗位工作人员进行定期的职业教育培训，对有关信息的更改变动予以快速、准确的告知。此外，德国政府以及各联邦州政府会定期组织相关研发活动，并将国内外最新的产品、技术信息传递给科技型中小企业，以便企业合理地定位产品与市场。[②] 政府还会主导出资，对用于研发的基础设施进行优化性的再建设，并为企业在未来战略发展、知识产权保护等方面提供完全免费的咨询。

三、 政府主导模式

（一） 以色列

在科技金融的发展过程中，以色列政府在充分发挥其科技金融配置主导作用的基础上，通过设立科技孵化器和风险投资基金等计划，以自身参与并吸引风险投资和私募股权等民间资本和国际资本进行投资等方式，有效地缓解了科技型企业的融资困境，以政府主导模式有效地推动了科技金融的发展。

---

① 李善民，陈勋，许金花. 科技金融结合的国际模式及其对中国启示 ［J］. 中国市场，2019（5）.

② 许超. 我国科技金融发展与国际经验借鉴——以日本、德国、以色列为例 ［J］. 国际金融，2017（1）.

1. 政府推动发展风险投资市场

在支持风险投资市场发展方面，以色列政府推出的 YOZMA 计划被公认为迄今为止全球最成功的政府引导基金与科技型中小企业支持计划之一。YOZMA 计划是以色列政府为推动国内的科技型中小企业发展而推出的一项政府引导基金计划，旨在吸引境外的风险投资资本并扶持以出口为主的以色列高科技中小企业的成长。1993 年，政府出资 1 亿美元推出了 YOZMA 计划，并在 1998 年推出了 YOZMA 二期计划。

引导性基金 YOZMA 的形式是：一部分由以色列政府出资，剩下的部分由商业性创业投资机构募集，且后者必须由以色列境内与境外的金融机构共同参与，作为基金的有限合伙人。YOZMA 计划通过两个具体举措实现对科技型中小企业的支持：①政府建立 10 只分立的私人风险投资基金，每只风险投资基金都获得以色列政府 800 万美元的投资，政府占基金份额的 40%，另外的 60%（1 200 万美元）由商业性创业投资机构募集，这是以色列政府引导基金的基本形式；②政府直接对科技型中小企业进行投资，其投资总额为 2 000 万美元。以色列政府对引导基金的具体建制进行了详细的规定，每只 YOZMA 子基金必须有一个以色列境外机构和一个以色列境内金融机构参与作为基金的有限合伙人，并且每只 YOZMA 子基金均为独立的有限合伙制企业。YOZMA 母基金持有子基金 40% 的份额，其余份额由私人基金机构进行募集，因此政府总共投入的 8 000 万美元能够吸引约为 1.2 亿美元的国内外私人基金的参与。① 同时，以色列政府还对基金的退出机制作出规定，即每只 YOZMA 基金的私人投资方可以在 5 年内以较优惠的价格买断初始投资资金中的政府份额，便于合伙人在基金运作成功后适时退出，从而在一定程度上刺激着风险投资资本不断进入本国投资市场。最终，10 只子基金中的 8 只行使了该赎回权利。市场化的合伙人制度以及良好的政府退出机制使得科技型中小企业的发展与政府的扶持项目较为完美地融合在一起，YOZMA 计划成为迄今为止最成功的由政府出资建立的引导基金。

2. 完善的孵化器培育系统

科技孵化器计划开始于 1991 年，由以色列政府的工业、贸易与劳工部

---

① 李善民，陈勋，许金花. 科技金融结合的国际模式及其对中国启示［J］. 中国市场，2019（5）.

（简称工贸部）设立的首席科学家办公室（Office of the Chief Scientist，简称OCS）建立并管理。其特点主要可以归结为以下四点：一是对入驻孵化器的项目进行严格的评估与筛选。创业者要有良好的诚信背景，创业项目要具有强大的市场潜力。虽然政府大力鼓励创新，但科技孵化器计划对孵化项目要求宁缺毋滥，为了维持高水准，每个孵化器所接纳的企业一般不会超过15家，申请的平均通过率只有3%左右。二是为创业者提供系统性的高质量管理服务。三是一般性的经营管理活动都是由首席科学家办公室来负责，政府不会直接干预投资管理。四是对于退出机制设有严格的规定，在孵化的5年时间内，如果创业者或风险投资者打算回购相对应的全部政府股权，这一交易活动必须执行，创业者有绝对权利自主选择是否脱离孵化器。以色列政府还对政府的退出机制作出了严格的规定，即在创业企业获得成功后的5年内的任何时候，创业者本人或风险投资者都可以收购政府所持有的全部股权，脱离政府的孵化器，并解除向孵化器纳税的相关义务。只要企业提出这一股权回购要求，政府必须无条件施行，不能以任何理由拒绝。

3. 不断优化发展的辅助建设

1970年以后，以色列政府逐渐开放金融市场。1985年，政府推出了"经济稳定工程"，先后调整了利率、汇率，外汇市场逐步引入浮动汇率制，并取消了限制私人企业融资的相关法律政策，逐步放开对金融市场的管制，从而为未来金融发展确定了方向和道路，也为合理有序的金融运行环境奠定了基础。1994年，政府成立了小企业局，后更名为"中小企业局"。这一政府机构就是针对中小企业的相关管理与发展工作而成立的，为企业的人力资源建设、相关培训服务。而由工贸部成立的首席科学家办公室，则对科技型中小企业的研发工作服务，负责孵化项目的审批、后续孵化工作的运行及其监管。其中孵化器是为处于创业期初期的中小企业提供研发设施、孵化场地，以及科研技术的信息共享与相关管理指导等。依靠这些不断优化结构的具体建设，以色列形成了政府机构与企业的有效联动、快速反应的网格构架，以及相对完善的管理与服务体系。[①]

---

① 许超. 我国科技金融发展与国际经验借鉴——以日本、德国、以色列为例［J］. 国际金融，2017（1）.

（二）韩国

1. 以政府财政支持为主导

韩国对研发经费的财政投入，主要用于政府部门主管的国家级技术开发计划，对企业的研发经费在50%～90%的范围内给予无偿援助。20世纪60年代，韩国进行经济结构调整，从劳动力密集型工业、轻工业向重化工业转变，建立了技术引进国家创新体系以及由政府主导的研发投入机制。20世纪80年代，韩国提出了"科技立国"的技术发展战略，从此，政府大规模增加研发经费投入。据统计，1970—2010年韩国研发投入规模的年均增长率为20.2%，对科技型企业的研发活动进行直接的无偿资金援助。

在间接支持方面，韩国政府设立了政策性基金，对企业科技创新提供间接资金支持。韩国政府设立的专项基金种类较多，比如技术开发基金、研究成果商品化专项基金、产学研合作基金等。其中，韩国技术开发基金包含科学技术振兴基金、产业基础基金、产业技术开发基金、中小企业创业基金等。在这些专项基金中，有许多是严格根据法律法规设立的。1992年政府依据《科学技术振兴法》设立了科学技术振兴基金，以扩大对科技研发的资金支持。据统计，韩国财政经济部、产业资源部等12个政府部门曾设立了91种政策性基金，每年可向中小企业提供约4.9万亿韩元（约290亿元人民币）的资金，专门用于支持中小企业的发展。政策性基金不是直接发放给中小企业，而是以借款形式向指定银行提供资金，指定银行以该借款利率再加成1%～1.5%的利率向中小企业提供贷款，此利差就是指定银行的收入。各政府部门可以依据其产业政策确定重点援助的企业对象和相应的条件。指定银行应遵守这些规定，根据商业贷款的发放原则对申请贷款的企业进行贷前审查和贷后管理，并且贷款的信用风险由银行承担。一般而言，政策性基金的贷款利率比较低，期限较长，其支持的领域主要是企业的技术研发、信息化和自动化，重点是培养有潜力的、需要风险投资的中小企业。

2. 银行支持科技创新

一是商业银行的金融支持，主要通过韩国中央银行、全国性商业银行和地区性商业银行等金融机构来进行。韩国中央银行通过窗口指导或道义劝告鼓励商业银行等金融机构加大对中小企业的信贷支持，要求各类商业银行在对中小企业贷款的比例上达到相应的规定，如全国性商业银行为45%，地区性商业银行为60%，外国银行分行为35%（约有25%的外国银行分行在韩国不受这一比例的限制）。同时将各商业银行对中小企业贷款的额度指标作为再贷款优惠利率的考核依据之一。在政府强有力的引导下，韩国商业银行的贷款在一定程度上发挥了政策性金融的作用。

二是政策性银行的金融支持。韩国的政策性银行主要有韩国开发银行（韩国产业银行）、韩国进出口银行、韩国中小企业银行，这些银行在20世纪50—70年代由政府出资成立，其重要职能之一就是鼓励韩国科技型中小企业投资生产设备，开展研发活动，并为企业进行新产品开发、工艺技术开发以及新技术商业化等方面的研发活动提供长期、低息的贷款。韩国的政策性银行尽管不以盈利为主要目的，但在经营机制上仿效商业银行模式，实行独立董事制度和国际化标准，并建立系统风险管理体系，通过这些措施来实现可持续发展。

3. 健全的信用担保体系

韩国信用担保体系主要由韩国信用担保基金和韩国科技信用担保基金两只全国性担保基金以及14只地方性担保基金组成，在一般情况下，担保基金上限为30亿韩元，年担保费率在担保金额的0.5%～3%浮动。在科技信用担保的需求不断上升的情况下，依据《新技术企业财务援助法》的具体规定，1989年3月韩国成立了韩国最大的信用担保基金——韩国技术信用担保基金（简称KOTEC，后更名为KIBO），这只基金从政府及金融机构获得资金来源，为科技型企业提供技术担保、科技成果评估、直接股权投资、索赔管理、业务咨询与认证等业务，为科技创新型中小企业提供更便利的融资贷款途径。从1989年成立到2012年底，KIBO已经累计提供了超过218万亿韩元（按当时汇率算，约2 030亿美元）的信用担保。KIBO因此建立了其作为韩国最大的技术融资机构的地位。总体上看，KIBO推动了企业自身以及国民经济的快速发展，成为韩国政府最有效的政策工具。[①]

4. 完善的法律制度体系

为了克服中小企业在成长过程中面临的资金短缺和融资渠道不畅的瓶颈，

---

① 李善民，陈勋，许金花. 科技金融结合的国际模式及其对中国启示［J］. 中国市场，2019（5）．

自 20 世纪中叶以来,韩国政府先后出台了一系列政策法规,促进科技金融发展。1972 年,为激励企业加大科技创新投入,颁布了《技术开发促进法》。随后,颁布《中小企业创业支援法》等法规,实施了减免税收与提供补贴等措施支持中小企业科技创新。1997 年以后,颁布了《科学技术创新特别法》,为全面构建技术创新金融支持体系与国家创新系统提供了思路。

(三)印度

印度作为一个发展中大国,科技实力的增强在于其对中小企业的重视与支持,印度政府对科技创新的支持主要是通过政府实现,如制定相关法律法规、出台科技与金融结合的政策、成立专门支持中小企业发展的银行及完善资本市场等,极大地促进了科技进步,使得中小企业成为推动经济发展的重要力量。

1. 引导和激励科技创新的管理机构

印度政府在科技发展过程中发挥了重要作用。早在 1982 年,印度科技部就成立了国家科技企业发展委员会,以支持技术产业化和科技型企业的发展。印度政府专门建立了中小企业管理机构,主要包括政府部门和行业协会。其中,政府部门为国家微、小和中型工业部,行业协会则是中小企业协会,是专门针对中小企业建立的,为中小企业的发展提供全方位的服务,是中小企业进行创新的重要支撑。[①]

2. 完善的法律制度体系

在法律方面,印度中小企业管理机构制定了《小企业法》,明确规定了通过信贷、财税、技术、基础设施建设等措施支持科技型中小企业发展。1990年,印度政府颁布了《印度小产业发展银行法》,为中小企业的发展提供金融服务。2006 年,印度颁布了《印度微小中型企业发展法》,将中小企业的发展纳入法律体系。

在推动科技发展的过程中,印度政府力图通过立法保持科技政策的权威性与连续性。截至 2013 年,关于科技发展工作的重要法律文件有 5 个。1958年 3 月,印度议会通过了《科学政策决议》,在这项政策的指引下,印度搭建

---

① 段金龙. 科技创新的公共金融支持研究 [D]. 哈尔滨:哈尔滨工程大学, 2016.

了国家科研体系的总体框架；1983 年 1 月，印度颁布了《技术政策声明》，强调大力发展本土创新科技；1993 年，印度颁布了《新技术政策声明》；2003 年制定了《科学技术政策》，强调最大化运用印度现有的科技研究体系，通过国际交流等手段提高科研能力；2013，印度总理宣布了《2013 科学、技术和创新政策》，提出调整印度国家科技战略。这 5 个重要文件都是以立法的形式予以确认和颁布，从而成为指导印度科技发展的框架性文件。这些文件保证了印度社会科技政策的权威性和连续性。除此之外，印度政府还制订了每五年一次的科技研发计划。不仅如此，印度政府还制订了科技企业化发展项目计划、科技创新流转基金计划等针对性、可操作性较强的计划，并设立了国家科技企业发展委员会、技术开发与应用基金等机构，从各个方面实施监督，进而促进科技型中小企业的发展。[①]

第二节　金融支持创新型中小企业发展的经验与启示

一、　健全的法律体系

美、日等国均建立了健全的法律体系。以专门的中小企业法律为基本法，配套制定了一系列支持科技型中小企业发展的法律制度，形成了协调的体系，发挥整体功能。美国促进科技的法律涉及中小企业促进、科技创新激励、知识产权保护、信用担保、公平竞争环境等方面，构筑了一个鼓励创新和科学研究的法律体系，对于科技型中小企业等以研发为主的企业的发展起到了良好的促进作用。美国科技金融创新法律体系注重五个方面：一是注重完善科技政策法规体系，重视利用法律的形式来确立科技政策的连续性和有效性；二是注重公共平台建设和基础研究领域的投入，布局建设制造业创新网络，出台《复兴美国制造业创新方案》等；三是注重科技成果转化，通过实施《拜杜法案》《史蒂文森—威德勒技术创新法》等系列法案，基本打通了科技成果转化的制度障碍；四是注重营造创新创业文化环境，高度重视知识产权

---

① 李善民，陈勋，许金花．科技金融结合的国际模式及其对中国启示［J］.中国市场，2019（5）.

保护，鼓励大众创业、万众创新；五是注重动态调整优化科技政策，密切跟踪政策的实施情况，加强科技政策实施效果评价，对科技政策进行修订和完善。日本在促进中小企业的经营革新及创业、强化中小企业经营基础、适应经济和社会环境变化、资金供应、充实自有资金等方面形成了一套完整的支持科技金融发展的法律体系。

二、 与本国相适应的科技金融创新支持体系

不同国家的历史发展背景、经济体制、金融体制、法律制度体系的完善程度不同，使得不同国家的科技金融发展模式不同。美国在经历了1929—1933年的金融危机以后，通过立法的形式明确规定商业银行不得参与投资，在确保金融安全的前提下，大大地促进了资本市场的发展，充分发挥了市场在资源配置中的基础性作用，引导民间资本和金融资本流向高效率的科技领域。在这样的背景下，美国以资本市场为主的直接融资模式得到发展，政府以及商业银行等其他金融机构则分别发挥引导和补充作用。日本、德国的金融体系以银行占据主导地位，对经济稳定发展有着重要作用，因此通过银行为其科技发展直接或间接地提供资金支持，促进技术进步。以色列、韩国、印度在第二次世界大战以后才逐渐将经济发展中心转移到科技竞争力的培育上，作为经济赶超国，主要是以政府为主导，通过对银行进行直接或间接干预来为其科技发展提供资金支持。可见，不同国家的公共金融支持科技创新的模式，由其不同的经济发展背景、经济体制等因素共同决定。由于经济发展水平、金融体系完善程度、市场发育程度和历史文化背景等因素的差异，各国的科技金融创新支持体系存在很大的区别。但无论哪种体系，只要能够促进本国的科技金融创新就是好的。

三、 政府的大力支持

从各国的实践来看，各国政府的支持是发展科技金融的必要推动力。美国的科技金融以资本市场为主导，而日本、德国以银行为主导，韩国、以色列、印度以政府为主导，各国虽然在科技金融发展主导模式上有所差异，但政府在科技金融发展过程中都发挥重要作用。一是不断完善法律环境，制定相应的法律政策，以税收、财政补贴等方式支持科技型中小企业的发展。二

是针对科技型中小企业的传统还款来源不稳定的特点，各国政府发挥有形之手的作用，建立了完善的信用担保体系，直接或间接对科技型中小企业予以支持，极大地促进了科技型中小企业的发展。三是重视政策性金融对科技创新的重要推动作用，积极成立各类政府主导的政策性金融机构，引导大量的民间资本和商业银行信贷资金等参与中小企业的科技创新，创造良好的科技创新环境。四是建立支持中小企业发展的政府或半政府机构。如日本通产省设立了中小企业厅，并在通产省设立的 8 个派出机构内设有中小企业科，专门对中小企业进行管理和服务；美国政府设立小企业管理局，对中小企业实施管理，小企业管理局在美国各州设有分支机构，对科技型中小企业贷款进行担保是其一项重要的任务。五是不断调整自身对科技金融创新活动的介入方式和介入程度，逐步全面介入科技金融创新活动之中，成为推动科技金融创新发展的重要力量。例如，美国除了通过制定和完善法律体系、健全科技金融政策来营造良好的创新环境，规划引导、组织重大研发计划外，还通过对科学技术研究进行投资，设立国家研究机构和建立公共研发平台、服务机构等。美国拥有 700 多个联邦实验室，拥有科学家和工程师共 20 余万人，研发支出经费占全国研发投入的 11% 左右，占联邦政府科技投入的 40% 左右。此外，政府还介入科技创新产品走向市场的过程，同创新企业家一起承担创新的风险、分享创新收益，把创新的经济成果分配给大众，避免企业家成为创新寡头，减少社会的不平等。

四、 完善的信用担保体系

科技金融的持续健康发展离不开完善的科技型中小企业信用担保体系。政府充分发挥信用担保机构和信息服务体系的作用，通过定期发布科技型中小企业融资信息、提高信用担保额度、扩大担保商品范围和放宽担保要求等措施，为商业银行向有发展潜力的科技型中小企业贷款提供重要信息支持和担保保证。如美国的小企业管理局、日本的中小企业信用保险公库、韩国的科技信用担保基金等。美、日、韩等国的信用担保体系在支持各国企业进行科技创新活动过程中能取得成功，其共同的原因是依法设立担保机构，政府财政对担保资金进行大力支持，并纳入财政预算；同时拥有健全的担保资金补偿机制以及严格的规章制度来有效地控制风险。

美、日等国的经验表明，完善的信用担保体系是科技金融创新支持体系的重要组成部分，通过对金融机构的科技贷款进行担保，降低了金融机构的贷款风险，促进了金融机构对中小企业融资，有效地发挥了担保资金的作用，支持了中小企业的科技创新和发展。完善的信用担保体系是各国科技创新取得巨大成就的重要支持力量。通过担保金融机构的科技贷款，有效地降低了金融机构的贷款风险，解决了中小企业由于无实物抵押等无法从金融机构获得贷款融资等问题，同时，把担保资金用在了最有需要的地方，对中小企业的科技创新活动起到了大力支持的作用。担保机构依法设立，担保资金主要来自财政，健全资金补偿机制，注重风险控制和风险分散等是美、日两国采取的共同措施。这两个国家的信用担保体系也存在一些不同之处，以担保资金来源为例，美国的担保机构由政府全额拨款；而日本担保机构的资金来源以政府拨款为主，金融机构和社会团体等出资为辅。总之，发达国家大多通过制定信用担保的法律法规，建立了一国范围内的信用担保机制，设立了明确的监管机构和监管制度，通过按比例担保等措施分散担保机构的风险，形成了较为完善的信用担保体系。①

五、 健全的政策性金融体系

不论是拥有市场导向型金融体制的美国，还是拥有银行导向型金融体制的日本，均把政策性金融作为推动科技创新的重要举措。通过政策性金融的诱导作用，吸引了大量的商业银行信贷资金、民间资本等参与科技创新，对各自国家的科技创新起到了巨大的推动作用。为了支持中小企业的科技创新和发展，美国政府设立了专门的政策性金融机构——小企业管理局。与美国相比，日本的政策性金融对科技创新的支持力度则更为强大，日本的政策性金融在立法、机构设置、资金来源以及经营机制方面均比较完善。

六、 发达的资本市场和风险投资市场

科技创新需要发达的资本市场和风险投资市场以创造良好的环境。在主板市场之外设立二板（高科技）股票市场，是发达国家发展创业投资体系，

---

① 邓平. 中国科技创新的金融支持研究［D］. 武汉：武汉理工大学，2009.

促进中小企业直接融资的通行做法。美、日等国都建立了发达的资本市场和风险投资市场。美国在科技创新方面独占鳌头，在很大程度上归因于其拥有世界上最为发达的资本市场和风险投资市场，并且形成了资本市场、风险投资市场和科技产业相互联动的一整套发现和筛选机制。日本的资本市场和风险投资市场也对自己国家的科技创新起到了巨大的推动作用，成为科技进步和经济可持续发展的强大动力。发展多层次的资本市场、开辟与拓展二板股票市场直接融资渠道，在一定程度上促进了发达国家科技型中小企业融资来源的多元化。这对科技金融服务模式具有重要的意义：第一，满足科技型中小企业的融资需求。科技型中小企业是经济增长中的活跃因素，但传统的融资模式和主板市场较高的上市标准无法满足这些企业的融资需求，因而需要建设多层次的资本市场。第二，完善融资结构。多层次的资本市场的发展可以带动直接融资与间接融资的整合，改变过分依赖银行贷款为主的间接融资的单一模式，降低单一的间接融资结构及其过度集中的风险。

第五章　我国金融支持创新型
中小企业发展的现状分析

第一节　金融支持创新型中小企业的发展历程

一、萌芽阶段（1978—1984）

1978 年，党的十一届三中全会确立了以经济建设为中心的新时期基本方针。同年，邓小平明确指出四个现代化的关键是科学技术现代化。1979 年 10 月，邓小平在中共中央召开的各省、自治区、直辖市党委第一书记座谈会上指出银行应该抓经济，现在只是算账、当会计，没有真正起到银行的作用。同年 10 月 8 日，邓小平再次指出银行要成为发展经济的、革新技术的杠杆，要把银行办成真正的银行。从革新技术的杠杆出发，就隐含着科技金融的雏形。1984 年，国家科学技术委员会（简称"国家科委"）中国科技促进发展研究中心组织"新的技术革命与我国的对策"研究，提出了建立创业投资机制促进高新技术发展的建议。① 同年，中国工商银行率先突破传统业务领域，正式开办科技开发贷款业务。

---

① 魏江林. 探究科技金融的定义、内涵与实践［J］. 智库时代，2018（43）.

二、　起步阶段 （1985—1993）

通过改革科技管理体制、加大科技投入、创新科技组织等方式，实施跟踪、模仿的科技发展战略，国家科技金融政策再次作出调整和创新：①"广开经费来源，鼓励部门、企业和社会集团向科学技术投资"，"对于变化迅速、风险较大的高技术开发工作，可以设立创业投资给予支持"。1985 年 9 月，以国家科委和中国人民银行为依托，国务院正式批准成立了中国境内第一家创业投资公司——中国新技术创业投资公司。其中，国家科委占 40% 的股份，财政部占 23% 的股份。[1] ②国家经贸委、财政部创办了中国第一家以促进科技进步为主要目标，以经济担保为主业的全国性银行金融机构——中国经济技术投资担保公司。③"银行要积极开展科学技术信贷业务，并对科学技术经费的使用进行监督管理"，中国人民银行、国务院科技领导小组办公室发布《关于积极开展科技信贷的联合通知》（〔85〕银发字第 379 号），正式开展科技贷款。④1993 年深圳市科学技术局第一次把"科技与金融"缩写为"科技金融"。这一时期金融部门在政策支持下开始对科技方面的信贷业务进行尝试与实践。科技金融的重点是信贷市场，主要形式是科技贷款，政策抓手是财政贷款贴息。在近十年时间里，中国工商银行、中国农业银行、中国银行、中国建设银行、中国交通银行五大国有银行累计发放科技贷款 700 多亿元，支持了近 7 万个科技开发项目，联想、海尔、华为、远大、清华同方这些企业都是靠科技贷款完成了技术资本化和产业规模化。

三、　探索阶段 （1994—1999）

1994 年是中国社会主义市场经济元年，市场成为组织经济活动基本的和核心的机制。科技必须进一步加强与经济结合成为新的科技发展方针。在这个历史背景下，1994 年中国科技金融促进会首届理事会上正式采纳了"科技金融"一词。1995 年，理事长谢绍明把科技金融称为"一项具有生命力的尝试"。1996 年，《中华人民共和国促进科技成果转化法》提出"国家鼓励设立

---

[1]　张明喜，郭滕达，张俊芳. 科技金融发展 40 年：基于演化视角的分析 ［J］. 中国软科学，2019（3）.

科技成果转化基金和风险基金，其资金来源由国家、地方、企业、事业单位以及其他组织或者个人提供，用于支持高投入、高风险、高产出的科技成果的转化，加速重大科技成果的产业化"。1998 年，中国民主建国会中央委员会提出当年的"政协一号提案"——《关于借鉴国外经验，尽快发展中国风险投资事业的提案》。同年，首批中国高新技术产业开发区企业债券成功发行。①1999 年国务院办公厅转发了国家经贸委、科技部、国家计委等部门制定的《关于建立风险投资机制的若干意见》，成为引导我国风险投资行业健康发展的纲领性文件。

四、 推进阶段 （2000—2005）

这一阶段是中国高新技术产业快速成长时期，也是科技融入经济，经济逐步全球化的阶段。这一时期国务院和中共中央为推动科技的创新与科技资本市场的发展推行了相关政策，但该阶段的科技型企业无论是上市规模还是投资规模都相对较小。这一时期科技创新与金融创新结合的主要特点是：第一，实行打包贷款，国家开发银行和科技部科技型中小企业技术创新基金管理中心签署科技型中小企业贷款业务合作协议，并在北京、上海、成都、重庆四个城市进行试点，当年打包贷款总额达 3 亿元。第二，规范外商创业投资企业管理，出台《国家税务总局关于外商投资创业投资公司缴纳企业所得税有关税收问题的通知》《外商投资创业投资企业管理规定》等。第三，推出中小企业板，首批"新八股"在深圳证券交易所中小企业板上市。第四，以科技企业孵化器为重点，通过孵化器与创业投资对接，加强对科技成果产业化的支持。

五、 快速发展阶段 （2006 年至今）

2006 年《国家中长期科学和技术发展规划纲要（2006—2020 年）》的颁布，标志着中国科技制度创新开始进入新阶段。在这个周期内，市场的无形之手与政府的有形之手分工更加清晰，前者在资源配置上逐步从基础性作用上升为决定性作用，后者逐步从决定性作用转变为规划、引导、监管、服务

---

① 张明喜，郭滕达，张俊芳．科技金融发展 40 年：基于演化视角的分析［J］．中国软科学，2019（3）．

的综合作用。科技金融已经成为创新驱动发展的"牛鼻子",政府资源配置、市场资源引导、创新创业激发都离不开科技金融的支持。科技金融成为科技部门和金融管理部门的共同事权,政策性银行、商业银行、科技保险、科技担保、创业板、互联网金融等在内的操作层面创新同时发力。[①] 该阶段以建设创新型国家为核心,推行了众多配套的政策,使科技产业的融资渠道增加,科技金融获得了快速的发展。各地开始了科技金融的探索与实践,如杭州、上海、东莞等地先后对创新科技经费进行了改革与创新,减少了政府拨款的资金,创设了相关的政策性金融机构为科技金融提供资金支持,创新型企业如雨后春笋般涌现。

第二节　金融支持创新型中小企业发展的实践和成效

从 1985 年我国发放的首笔科技贷款开始,科技金融已经逐渐形成了具有科技支行、科技保险、风险投资、多层次资本市场等多渠道、全方位、多视角的科技金融体系。近年来,全国各地市综合运用多种金融工具支持科技创新,在科技金融体制创新的多个方面不断探索,形成了各具特色的支持科技型中小企业的创新模式,科技金融创新改革取得显著成效。

一、　我国金融支持创新型中小企业发展的实践

(一)　中关村模式

1. 银行信贷专营机构创新科技金融产品

北京银行、中国银行等四家商业银行专门设立了为科技创新型企业服务的特色支行,中国银行推出"中关村科技型中小企业金融服务模式";国家开发银行北京市分行设立了科技金融处;中国交通银行联合创业投资机构推出"投贷一体化合作项目",建立了银行与创业投资机构在客户联动服务、优先

---

① 张明喜,郭滕达,张俊芳.科技金融发展 40 年:基于演化视角的分析 [J].中国软科学,2019(3).

授信支持和产品研发等领域的合作机制；推出符合科技型企业特点的金融产品，开展了小额科技贷款、知识产权质押贷款、天使投资、代办股份转让、信用保险等创新型科技金融业务。

2. 政府设立代偿资金，发挥介入和引导作用

中关村科技园区管理委员会设立了代偿资金，政府发挥引导作用，吸引金融机构与政府共同为创新型企业融资做担保。政府向银行与担保公司承诺，若出现代偿，则政府负担 50%，担保公司负担 50%，政府承诺承担一定比例的损失，再给予担保公司担保补贴。银行由于政府承诺加上担保公司的担保，基本无风险，也愿意合作。政府的介入和引导，有效地解决了创新型企业贷款难的关键问题。①

（二）上海浦发硅谷银行模式

上海浦东发展银行（简称"浦发银行"）于 2012 年与美国硅谷银行进行合作，开始使用美国硅谷银行的机制，为科技产业提供资金支持。2012 年，浦发硅谷银行成立，这是一家有独立法人的科技银行，由浦发银行和美国硅谷银行合资，专注于科技金融领域，为创新型企业提供专业服务。浦发硅谷银行模式有以下特点：

1. 建立科技创新型企业认证标准

对科技创新型企业建立了标准化定义，不同于传统企业，聚焦企业的成长能力，从核心技术、人员团队、经营模式等多角度进行评估。从行业来看，主要倾向于软硬件、移动互联网、消费科技品、生命科学、生物技术、新材料等行业。

2. "1 + 4"创新的合作方式

"1"代表浦发硅谷银行在杨浦区创智天地设立中国代表处，"4"包括共同组建的 4 家机构：引导基金管理公司、中早期基金公司、小额科技贷款公司、股权估值公司。

---

① 何剑，李玲芳. 科技金融支持创新型企业发展的国际经验及对中国的启示 [J]. 金融发展评论，2015（9）.

3. 股权债权结合的融资方式

采用风险投资机构与银行协作的服务模式，专门成立了同业合作部，与风险投资机构进行联动合作。

4. 提供信息资源整合等增值服务

加强产业链融合，搭建创业交流平台，促进产业链上的企业信息互动和资源整合；主动为企业引荐投资机构，帮助寻找合适的投资人；主动开展财务管理服务，帮助企业节省成本；整合各类行业资源，为创业者提供服务信息。

5. 探索银政担"3 + 1"模式

上海签约建立浦发硅谷银行、浦发银行上海分行、上海市再担保有限公司、上海市闵行区政府"四位一体"的合作模式。其中，浦发硅谷银行负责风险控制，浦发银行上海分行提供贷款资金，上海市再担保有限公司提供政策性担保，上海市闵行区政府向企业提供保费补贴，并推荐优质科技型企业。[①]

6. 专业的"理事会 + 基金管理公司"运作模式

杨浦区风险投资引导基金（简称"引导基金"）委托硅谷银行金融集团进行专业化管理，共同筑造一个出资、管理、监管三方共赢的风险投资系统。同时，借鉴职业专家管理的经验，将政府引导与市场机制作用联合互动，提高了政府引导基金的透明度，提高了企业的抵御风险能力，发挥了引导基金杠杆的放大效应，从而为创业投资营造了良好的环境。[②]

（三）杭州科技银行模式

杭州科技银行进行本土化创新，建立起"银行 + 担保 + 额外风险收益补偿机制"的杭州模式，开创了国内先河。

1. 成立杭州科技银行

杭州科技银行是杭州市构建新型科技金融体系，服务科技型中小企业的

[①] 沈彦菁. 科技金融发展的模式探讨和路径研究［J］. 浙江金融，2019（3）.
[②] 何剑，李玲芳. 科技金融支持创新型企业发展的国际经验及对中国的启示［J］. 金融发展评论，2015（9）.

金融创新实践。杭州科技银行是杭州银行下辖的一级支行，专事科技型中小企业金融服务。其筹建工作由杭州市政府牵头，多方参与。其中，杭州银行在原高新支行的基础上成立单独规模的科技银行；市、区两级财政为其注资；杭州市科学技术局出资设立高科技担保公司，为其提供担保、再担保业务；中国人民银行杭州中心支行、杭州市人民政府金融工作办公室、中国银行业监督管理委员会浙江监管局为其创造政策便利，简化报批手续；杭州高新区（滨江）政府则为杭州科技银行提供场地支持。杭州科技银行摒弃传统做法和经验，坚持以科技型中小企业、高新技术企业、创业投资企业（包括创业投资项目）和大学生（留学生）创业企业服务为主的市场定位。①

2. 杭州科技银行的运行模式

杭州科技银行按照美国硅谷银行的模式设立，结合杭州本地科技型中小企业发展现状，探索一种适应本地科技型中小企业发展的新型金融服务模式。该模式以"政府指导、市场化运作"为主要路线，政府负责制定改革科技资金的使用方法，杭州科技银行负责研究新型的商业模式，政策性银行负责优化新的服务方式，最终实现政府、银行、担保三方面的联合行动。具体而言，杭州科技银行采用"银行＋担保＋额外风险收益补偿机制"的运作模式，即杭州科技银行对科技型中小企业提供基准利率贷款，由担保机构对科技型中小企业实行优惠的担保措施，政府给予杭州科技银行相关政策支持、风险补偿和激励，以便杭州科技银行不断开发适应科技型中小企业的融资产品。符合条件的企业可在 15 个工作日内以贷款方式率先获得 70% 的政策性创新基金，只要企业在 1 年期限内归还本金，并承担 1% 的担保费率和银行基准贷款利率即可。

3. 杭州科技银行模式的特点

（1）专家联合贷审机制。

杭州科技银行在杭州市科学技术局等的支持下，建立了专家联合贷审机制，开创了风险池模式等多种形式的金融服务手段，搭建了银政、银投、银保、银园"四位一体"的合作平台，全方位、近距离地服务科技型中小企业，尤其是初创科技型中小企业。银行、担保、投资、政府等力量，在服务科技

---

① 顾峰. 国内外科技金融服务体系的经验借鉴［J］. 江苏科技信息，2011（4）.

型中小企业创新融资的道路上走到了一起。申请杭州科技银行贷款的企业，主要是科技型中小企业。在此基础上，银行开展贷款业务时注重无形资产的升值空间，重视企业未来发展的成长性空间，形成"四方联审"的形势，由杭州市科学技术局组织产业政策审查，技术专家审查技术的先进性程度，创业投资机构审查投资风险大小，银行人员审核信贷额度。

（2）单独的信贷审批制度。

杭州科技银行拥有单独的信贷审批制度、单独的风险容忍政策、单独的业务协同政策，以及单独的专项拨备政策等，建立了科技型中小企业的独特风险评估体系。该银行拥有单笔 3 000 万～6 000 万元贷款的审批权限。传统银行的不良贷款率为 1%，而杭州科技银行提高到了 3%，并且能够与其他银行联合贷款，对经过认定的杭州市级以上的科技型中小企业一律享受基准利率贷款。

（3）科技型中小企业的价值发现机制。

除业务发展模式外，杭州科技银行建立了科技型中小企业的价值发现机制，这也是该银行区别于其他金融机构的最重要特征。该银行积极探索知识产权交易、投资机构投资价值认定等发现企业无形资产未来价值的方式方法，并充分发挥地方科技计划专家库的优势，组建一个由行业专家、担保公司、风险投资公司专家组成的科技银行专家咨询委员会，参与重大信贷项目和业务的信贷评审，突破银行在科技专业方面的局限。杭州科技银行的这一做法，值得其他银行借鉴。

对于科技型中小企业知识产权信贷，杭州科技银行提出了解决方法：一方面，银行改变技术专家为主、商业价值淡化的评审制度，而集结投资专家、银行、技术专家、金融中介公司、担保公司等共同评审产权的技术、风险和效益；另一方面，银行在向拥有知识产权的企业放贷之前，与下家企业（拍卖公司或申贷企业的竞争对手）达成合作意向，并以与下家企业达成的价格意向为参考来发放贷款。申贷企业一旦无法偿贷，下家企业即可接手相关知识产权。其间若产生风险，银行和下家企业各承担 50%。这一机制可使银行顺利变现，也增加了申贷企业的违约成本。

（4）科学界定杭州科技银行的服务对象。

为了给杭州科技银行确定科技型中小企业服务对象，杭州市科学技术局还出台了《杭州市科技型中小企业认定工作实施意见（试行）》（简称《意见》），为杭州科技银行明确客户范围提供了比较准确的依据。根据《意见》，科技型中小企业应从事一种或多种高新技术及其产品的研究、开发、生产和经营业务，并且产品属于《国家重点支持的高新技术领域》的技术创新企业或商业模式创新企业。同时，技术创新企业的高新技术产品销售收入和技术性收入总和应占企业全年总收入的50%以上。杭州科技银行主要为成立时间不超过5年、注册资金在500万元以下的高科技中小企业提供300万元以下额度的融资服务。

（5）政府对杭州科技银行的支持。

2009年6月底，杭州市财政局和杭州市人民政府金融工作领导小组办公室共同出台了《关于鼓励和支持杭州科技银行建设的通知》（简称《通知》），对杭州科技银行和向银行申请贷款的科技型中小企业提供担保的担保公司在政策上给予了极大的优惠。《通知》要求市、区政府都要对杭州科技银行的科技型中小企业金融业务给予大力的支持。杭州科技银行对经认定的科技型中小企业按照基准利率发放贷款，政府将以基准贷款利率为基础，按照一定比例对杭州科技银行给予适当的财政补助。同时，为了鼓励杭州科技银行开展有利于科技型中小企业的贷款业务，减轻银行的运营成本压力，政府还将对杭州科技银行进行业务费补助，并且补助力度很大。除了将科技扶持资金、创投资金及每年2亿元的创业引导资金存入杭州科技银行，政府还根据银行对科技型中小企业的日均贷款额给予大于普通商业银行的财政补助，补助总额为省级返还的银行机构税收增量的20%；同时，市、区两级财政还向科技型中小企业提供40%的贷款利息补贴，并给予为企业提供担保的担保公司担保费用补贴。因此，杭州科技银行不仅可以最低利率向企业放贷，而且一旦产生风险，银行将承担净损失的20%。正常的担保费用大约是贷款的2%，现在要给科技型中小企业担保，担保费用只能收取1%，但政府会对担保公司提供1%~2%的风险补偿。在这个创新的运行模式中，政府将大部分风险包揽，从而为科技型中小企业、科技银行、担保公司提供了有力的后盾支持，在风险传递中担当了最后一棒接力者的角色。①

---

① 顾峰.国内外科技金融服务体系的经验借鉴［J］.江苏科技信息，2011（4）.

（四）广州番禺天安科技支行发展模式

2012 年，中国银行广东分行在广州番禺天安工业园区成立广州番禺天安科技支行，成为广东省银行界首家科技贷款专营机构。中国银行、广东省科学技术厅与广州市科学技术局、番禺区政府共同为广州番禺天安科技支行搭建了贷款风险池，经过几年的运作，这种科技与金融深度融合的实践取得了良好的效果。截至 2016 年，广州番禺天安科技支行累计与 51 家科技型中小企业建立贷款关系，发放贷款 6 亿元，且后续带动效果强，先后有 8 家企业获得风险投资合计 3 亿元，8 家企业登陆资本市场，募集及并购金额合计近 40 亿元。广州番禺天安科技支行的实践，对科技金融深度融合、金融服务科技型中小企业的模式进行了有益的探索。

1. 广州番禺天安科技支行业务模式

第一，银政合作共担风险。银政合作建立贷款风险池，实现银政企风险共担机制。广州番禺天安科技支行与省、市、区科技部门签署广州市联合科技贷款风险准备金项目协议，约定风险准备金池 5 000 万元，其中省、市、区科技部门分别出资 1 000 万元、2 000 万元、2 000 万元，贷款损失由银行和科技部门按照 4∶6 的比例承担。广州番禺天安科技支行向当地科技型中小企业发放不低于 10 倍科技贷款风险准备金数额的贷款授信额度。截至目前，广州番禺天安科技支行已为 50 余家高科技企业提供风险池贷款。

第二，实施"八项单独机制"。广州番禺天安科技支行从科技型中小企业"轻资产、缺乏贷款抵押物"的特征出发，根据客户准入、贷款产品设计、风险分担、贷款评审等设计了不同于传统贷款的"八项单独机制"，即单独的客户准入条件、单独的产品开发、单独的系统设计、单独的审批流程、单独的专业人员配置、单独的服务价格、单独的贷款规模支持、单独的不良贷款容忍度。单独机制的实行降低了科技型中小企业向银行融资的门槛，使企业的关注点集中于企业技术实力、技术产业化水平等方面，颠覆了传统贷款对抵押物的严格要求，使准入机制更加灵活。

第三，产品契合创新升级需求。"科技通宝"系列产品契合中小企业创新升级需求。广州番禺天安科技支行根据科技型中小企业的特点，开发设计了科技立业贷、科技分担贷、科技过桥贷、科技挂板贷、科技投联贷等系列产品，在选择客户时不唯担保、不唯抵押，以知识产权质押作为担保条件，降低准入门槛，支持了更多的科技型中小企业。

第四，联合进行贷款评审。广州番禺天安科技支行与科技部门联合进行贷款评审，在政府部门和银行相互批量推荐企业后，银行开展尽职调查，初步形成可以贷款的企业名单，邀请政府及科技方面的专家，加上银行人员，召开联席会议，并形成会审决议，最终确定放款名单。

第五，实施科技金融深度融合机制。政府部门与广州番禺天安科技支行在客户推荐、信息共享、政府贴息等方面实现良性深度融合，形成了工作机制。科技部门向广州番禺天安科技支行推荐科技型中小企业，或广州番禺天安科技支行自行拓展符合条件的客户。广州番禺天安科技支行与客户接洽完成项目资料收集及初审工作，并召开专家评审会，科技主管部门（省、市、区级科技部门，各级生产力中心，上市办）和中国银行（省行、番禺支行、广州番禺天安科技支行）参加，由中国银行介绍客户情况，并由专家共同进行现场评审。广州番禺天安科技支行专属审批人审批授信申请方案，在听取了专家意见后，在评审会上立即批复项目入风险准备金池前和入池后分别投放的贷款金额及条件。广州番禺天安科技支行持科技主管部门盖章的《广州市联合科技贷款风险准备金初审及推荐表》及广州市科技和信息化局出具的专家评审会议纪要为科技型中小企业发放贷款。

2. 广州番禺天安科技支行服务成效

第一，中小企业加快创新升级速度。广州番禺天安科技支行与风险投资、政府科技部门联动，为中小企业创新升级搭建了良好的生态系统，科技型中小企业实现了较好的发展。如广州市井源机电设备有限公司主营业务为提供基于 AGV（自动导引轮式机器人）的系统物流解决方案，广州番禺天安科技支行于 2013 年向该公司放款 1 500 万元流动资金贷款，使该公司业绩快速提升，创业板上市公司天津赛象科技股份有限公司通过现金注资方式收购该公司 51% 的股权，收购金额为 1.44 亿元，该公司与天津赛象科技股份有限公司达成协议——两年内完成整体收购，整体收购价格为 7.36 亿元。又如广州市 D 制造技术有限公司主营业务为数控机床与数控磨床的生产与制造，2013 年在广州番禺天安科技支行贷款 1 000 万元用以改进技术，2014 年该公司全年销售收入约为 1.2 亿元，连续 2 年增长率超过 30%。

第二，广州番禺天安科技支行服务科技型中小企业的能力明显提高。①形成"科技通宝"科技信贷产品体系。通过科技立业贷、科技组合贷、科技过桥贷、三年期流动资金贷款等系列产品满足科技型中小企业全方位的融资需求。2012 年"科技通宝"被中国金融工会广东工会评为年度"最佳金融产品奖"。②形成服务渠道创新能力。广州番禺天安科技支行与广州市科技和信息化局联合打造科技信贷在线申请平台"广州网络科技银行"。该平台实现了企业在线申请融资、科技部门在线推荐客户、银行在线审批等流程环节，通过线上操作大大提升了各流程环节的速度，如广州亿程交通信息有限公司从在平台申请融资到贷款审批完成只用了 1 个工作日，客户在当天就拿到了银行的授信批复函。同时，企业可以随时登陆平台查询融资进度，大大提升了客户体验。③形成知识产权质押等创新担保方式。知识产权包括企业的发明、实用、外观等各项专利，以及商标权、著作权、软件版权等。广州番禺天安科技支行在 2010 年就开始在科技型中小企业的贷款业务中采取知识产权质押等创新担保方式，获得了 2010 年广州市知识产权局颁发的"国家知识产权质押融资试点工作先进单位"称号。目前，广州番禺天安科技支行发放的科技贷款中约有 1/3 是以知识产权质押作为授信担保方式。④科技信贷用途拓展渠道形成。广州番禺天安科技支行允许科技型中小企业将贷款资金投放于科技研发投入和科研人员工资支出。科技型中小企业的科研投入及科研人员工资支出高于其他企业，可占到企业经营总支出的 2/3 以上。为科技型中小企业提供贷款，其用途能覆盖这两个方面才能真正满足科技型中小企业的日常支出。目前广州番禺天安科技支行发放的贷款就可以用于上述用途，助力了科技型中小企业的科研事业。①

（五）嘉兴市"省科技金融改革创新试验区"建设模式

嘉兴市围绕浙江省科技金融改革创新试验区建设，初步建立了"政府基金＋科技信贷＋科技保险担保＋直接融资"的科技金融模式。

---

① 王华兰. 科技银行服务中小企业创新升级的实践与探索——以天安科技支行为例 [J]. 中国商论，2016 (8).

1. 政府及政策层面

（1）综合运用货币政策工具。

创新"央行票融通"再贴现模式和"央行科贷通"再贷款模式，专门支持科技型中小企业发展。累计办理"央行票融通"业务14.4亿元，受惠科技型中小企业500余家；"央行科贷通"已支持科技型中小企业65家，发放贷款1.2亿元，加权平均利率较全市小微企业贷款加权平均利率低1.3百分点，节约科技型中小企业融资成本958.4万元。

（2）设立政府引导基金。

针对处于种子期及初创期的科技型中小企业，嘉兴市成立基金管理中心，对接浙江省金融控股有限公司等省级引导性投融资平台，进行专业化的投资运作。2018年，全市已有政府引导资金参与设立的基金22只，总额122.8亿元，其中政府出资58.7亿元。

（3）建立风险补偿专项基金。

政府成立风险补偿专项基金，科技支行对经认定的科技型中小企业发放贷款所发生的风险，由补偿基金和银行按6：4的比例分担。已成立风险补偿专项基金总额1.7亿元，纳入财政险补偿基金管理的科技支行11家，其中市级3家。

（4）担保机构加强风险保障。

嘉兴市中小企业担保有限公司增加专项资金用于科技型企业担保，通过"园区＋担保＋银行"的模式，与高新区、科技支行签订三方合作协议，分担银行科技贷款风险，2018年科技担保业务规模达8 332万元。

2. 商业银行层面

（1）建设专营机构。

嘉兴市完善专营机构在客户准入、审批授权、资金配置、风险容忍度、业务协同方面的"五专"模式，为科技型中小企业提供专业化的科技信贷服务。嘉兴市已设立15家科技金融专营机构，科技型中小企业贷款余额44.4亿元，同比增长18.7%，服务科技型中小企业355家，同比增长32.0%。

（2）提升产品针对性。

嘉兴市开展投贷联动融资，引入创投机构，用债权与股权的约定转换，为初创科技型中小企业提供融资支持。2018年，全市开展投贷联动的银行机构有 3 家，惠及科技型中小企业 15 家，金额达 6.5 亿元。其中嘉兴银行推出投贷联动选择权业务，中国农业银行嘉兴分行与中国农业银行投资组建投贷联盟内联模式。

（3）开展抵质押模式创新和流程再造。

嘉兴市开展股权质押、专利权质押贷款等担保方式创新，增强科技型中小企业的风险缓释能力。截至 2018 年 6 月末，嘉兴市专利权质押贷款余额为 2.9 亿元，同比增长 31.4%；股权质押贷款余额为 20.2 亿元，同比增长 59.8%。推出"年审制"贷款、"无还本续贷"、"小微续贷通"、循环贷等一系列还款方式创新，实现科技型中小企业贷款到期与续贷的无缝对接，累计办理贷款 156 亿元，为企业节约财务成本近 2 亿元。

3. 直接融资层面

（1）发展私募股权投资。

嘉兴市依托南湖基金小镇，加快风险资本和投资人集聚。截至 2018 年 12 月，注册在南湖基金小镇的嘉兴本地企业的各类风险投资、私募股权投资总规模近 60 亿元。

（2）辅导科技型企业利用多层次资本市场扩大直接融资。

截至 2018 年 12 月，全市境内外上市公司高新技术企业有 19 家、省科技型企业有 2 家；"新三板"挂牌高新技术企业有 8 家、省科技型企业有 16 家。[①]

二、　我国金融支持创新型中小企业发展的成效

（一）科技金融政策体系和工作机制逐步完善

近年来，党中央、国务院相继出台一系列支持科技金融创新发展的法律法规、政策文件，科技金融政策体系和工作机制逐步完善。国务院《国家中长期科学和技术发展规划纲要（2006—2020 年)》规定了实施促进创新创业的金融政策、实施激励企业技术创新的财税政策、搭建多种形式的科技金融合作平台等；国务院《实施〈国家中长期科学和技术发展规划纲要（2006—

---

① 沈彦菁. 科技金融发展的模式探讨和路径研究［J］. 浙江金融，2019（3）.

2020 年)〉的若干配套政策》提出了科技投入、税收激励、金融支持、政府采购、创造和保护知识产权等十项内容；发改委、教育部、科技部、财政部、中国人民银行等《关于支持中小企业技术创新的若干政策》规定了鼓励金融机构积极支持中小企业技术创新、加大对技术创新产品和技术进出口的金融支持、加强和改善金融服务、鼓励和引导担保机构对中小企业技术创新提供支持、加快发展中小企业投资公司和创业投资企业等；科技部、中国人民银行、证监会、保监会《促进科技和金融结合试点实施方案》规定了优化科技资源配置、创新财政科技投入方式、引导金融机构加大对科技型中小企业的信贷支持、引导和支持企业进入多层次资本市场等；科技部、财政部、中国人民银行、国资委、国税局、银监会、证监会、保监会《关于促进科技和金融结合加快实施自主创新战略的若干意见》提出要优化科技资源配置、建立科技和金融结合协调机制、培育和发展创业投资、引导银行业金融机构加大对科技型中小企业的信贷支持、大力发展多层次资本市场、扩大直接融资规模、积极推动科技保险发展等。

第一，财政科技和税收政策方面。财政部、科技部《关于改进和加强中央财政科技经费管理的若干意见》规定了完善科技资源配置的统筹协调和决策机制、优化中央财政科技投入结构、创新财政经费支持方式、推动产学研结合等；财政部、科技部《国家重点基础研究发展计划专项经费管理办法》规定了财政科技经费管理；财政部、国税局《关于促进创业投资企业发展有关税收政策的通知》规定了创业投资企业享受税收优惠的条件；财政部、国税局《关于企业技术创新有关企业所得税优惠政策的通知》鼓励企业进行技术开发、职工教育、仪器设备折旧、对其产生的费用予以不同程度的税前扣除、对高新技术企业实施税收优惠；科技部《关于加强科技条件财务工作的意见》规定了多渠道筹集资金、增加科技投入、创新投入方式等；财政部《基本建设贷款中央财政贴息资金管理办法》规定了对国家高新区管辖区域范围内的符合条件的基础设施项目给予贷款贴息支持，对西部地区国家高新区、战略性新兴产业集聚和自主创新能力强的国家高新区给予重点贴息支持。

第二，政策性金融方面。银监会《支持国家重大科技项目政策性金融政策实施细则》规定了政策性银行自主经营、自担风险，对国家重大科技项目给予重点支持，享受风险补贴和贴息政策；银监会《关于商业银行改善和加强对高新技术企业金融服务的指导意见》规定了商业银行要促进自主创新能力提高和科技产业发展；银监会、科技部《关于进一步加大对科技型中小企业的信贷支持的指导意见》规定了科技型中小企业的四项条件，提出加大对科技型中小企业的信贷支持，完善科技部门、银行业监管部门合作机制，加强科技资源和金融资源的结合等；科技部、银监会《关于开展科技专家参与科技型中小企业贷款项目评审工作的通知》提出要建立科技专家库对银行业金融机构的科技贷款项目进行审查和咨询；中国进出口银行《支持高新技术企业发展特别融资账户实施细则》规定了风险投资业务、投资咨询业务和为被投资企业提供管理服务三种运行机制。

第三，风险投资方面。财政部、科技部《科技型中小企业创业投资引导基金管理暂行办法》规定了引导基金的资金来源、原则、支持对象和引导方式等；国家发改委办公厅《关于进一步规范试点地区股权投资企业发展和备案管理工作的通知》规范了股权投资企业的设立、资本募集与投资领域，健全了股权投资企业的风险控制机制，明确了股权投资管理机构的基本职责，建立了股权投资企业信息披露制度等；证监会《首次公开发行股票并在创业板上市管理暂行办法》规定了首次公开发行股票并在创业板上市的条件、程序、信息披露制度、监督管理和法律责任。

第四，科技保险方面。保监会《关于加强和改善对高新技术企业保险服务有关问题的通知》确定了六种高新科技研发保险险种，探索并实践通过国家财政科技投入引导推动科技保险发展新模式等；科技部、中国出口信用保险公司《关于进一步发挥信用保险作用支持高新技术企业发展有关问题的通知》规定了科技部与中国出口信用保险公司建立经常性联系机制、发挥信用保险的便利融资功能、支持高新技术企业"走出去"等；保监会、科技部《关于进一步做好科技保险有关工作的通知》鼓励保险公司开展科技保险业务，支持保险公司创新科技保险产品、进一步完善出口信用保险功能、提高保险中介机构服务质量等。

第五，信用担保体系方面。发改委、财政部、中国人民银行、国税局、银监会《关于加强中小企业信用担保体系建设的意见》提出要建立健全担保机构的风险补偿机制、完善担保机构税收优惠支持政策、推进担保机构与金融机构的互利合作等；工信部《关于支持引导中小企业信用担保机构加大服务力度缓解中小企业生产经营困难的通知》提出要切实发挥担保机构在促进中小企业转变发展方式上的积极作用，引导担保机构规范业务，加强对担保机构的组织协调和服务指导等；财政部、国税局《关于中小企业信用担保机构有关准备金税前扣除问题的通知》规定了允许中小企业信用担保机构进行企业所得税税前扣除的几种情况；工信部、国税局《关于中小企业信用担保机构免征营业税有关问题的通知》规定了信用担保机构的免税条件、免税程序、免税政策期限；财政部、工信部《中小企业信用担保资金管理暂行办法》规定了担保资金的支持方式及额度、担保机构申请担保资金的条件和要见等；财政部、工信部、银监会、知识产权局、工商总局、版权局《关于加强知识产权质押融资与评估管理支持中小企业发展的通知》提出要建立促进知识产权质押融资的协同推进机制，创新知识产权质押融资的服务机制，建立完善的知识产权质押融资风险管理机制等。

此外，地方科技部门、国家高新区与金融部门建立合作机制。科技金融合作全面展开，为进一步深化科技金融改革创新奠定了基础。为支持地方开展科技金融创新实践，国家科技部与"一行三会"（中国人民银行、银监会、证监会、保监会）分别于 2011 年和 2016 年开展了促进科技和金融结合试点工作，先后确定中关村国家自主创新示范区、天津市、上海市、郑州市、厦门市等 25 个城市（区域）作为试点地区。试点地区大力推动科技金融创新实践，涌现出了许多成功经验和创新做法，成效显著，发挥出了试点地区的示范作用。

（二）财政投入方式不断优化

作为支持科技创新的重要手段，我国财政科技投入总量逐年增加，财政科技支出由 2000 年的 576 亿元增加到 2017 年的 8 383.6 亿元，2018 年则达到 9 518.2 亿元，短短十几年实现了约 16 倍的增长（见图 5 - 1）。① 我国通过优化与调整财政科技投入方式，利用市场化手段发挥财政资金的杠杆作用，形成了以无偿资助、税收优惠为主，股权投资、金融引导为辅的基本格局，加速创新成果向产业和现实生产力转化。

---

① 数据来源：《2017 年全国科技经费投入统计公报》《2018 年全国科技经费投入统计公报》。

（亿元）

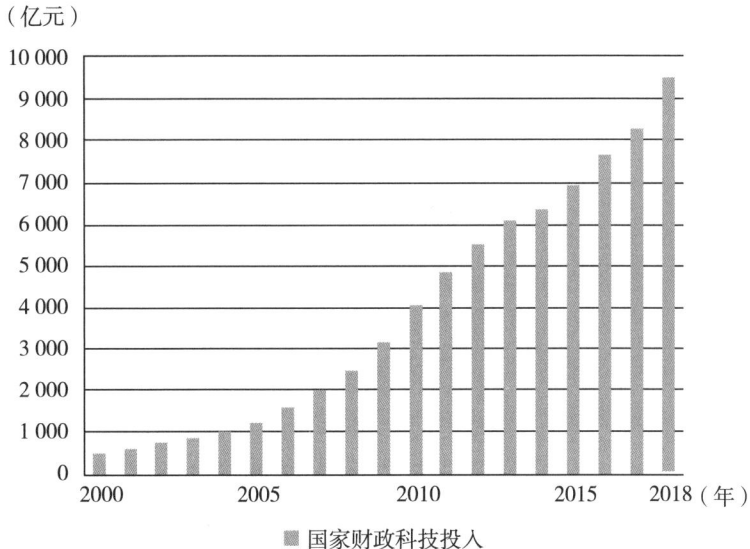

图 5 - 1　2000—2018 年国家财政科技投入情况

注：根据历年《全国科技经费投入统计公报》数据整理制作。

第一，无偿资助仍是最主要方式，但占比逐渐下降。改革开放以来，我国主要运用无偿资助方式支持科技发展。目前，无偿资助仍是我国财政科技经费投入方式中最常见、最主要的方式。这种投入方式还延伸为补助、资助、补贴等形式。无偿资助按照支持的类别，可以分为稳定支持类和竞争支持类：稳定支持类主要包括科研机构运行经费、基本科研业务费等，由财政部按照定员定额原则核定；竞争支持类主要是国家科技计划（基金）经费，首先分配给科技部、自然科学基金委等部门，再由这些部门负责组织立项、资金分配和监管，经费由项目承担单位具体使用。在现有财政科技投入方式中，无偿资助规模仍居首位，但是占比呈现下降趋势。

第二，股权投资占比不断上升。股权投资主要包括直接股权投入和间接股权投入两大类：直接股权投入主要指财政资金作为直接资金注入创新型企业。直接股权投入能够较好地体现政府权益，明晰责任和义务，还可以从企业发展中获得一定收益。例如，许多地方通过增设专项科技投资计划，对创新型企业进行直接股权投资。间接股权投入指财政科技资金形成引导基金（或母基金），向创业投资机构或其他类型机构进行股权投资，创业投资机构和其他类型机构再对创新型企业进行股权投资。截至 2018 年 4 月底，我国国内共成立政府引导基金 1 746 只，目标规模累积 11.15 万亿元，引导带动创业风险投资管理资金规模超过 1 800 亿元，财政资金放大超过 5 倍，已经成为解决创新型企业融资缺口的重要手段。①

第三，金融引导方式非常活跃。金融引导旨在撬动金融资本和社会资金，主要包括贷款贴息、风险补偿、融资担保、保费补贴等。金融引导主要着力于技术成果进入商业化和产业化阶段，因为该阶段所需资助已超越了政府财政负担能力，主要借助于市场机制进行融资。贷款贴息主要对已取得银行贷款的技术研发项目（企业）进行利息补偿。在实践中，贷款贴息方式运用得较为广泛，但是资金体量有限。风险补偿主要应用于创业投资、银行贷款等领域，用于分担一定的市场化金融机构风险。例如各类创业投资机构对成立 5 年以内科技型中小企业进行风险投资的，可按照投资额的一定比例给予投资机构风险补偿。融资担保主要通过担保方式，解决或者增强债权或股权融资能力。融资担保在我国科技经费投入中的运用还比较少，国外较国内普遍。保费补贴指政府对科技型企业购买保费的支出给予补贴。例如，武汉市通过设立科技保险专项资金，2008—2017 年共安排科技保险保费补贴资金 4 810 万元，累计为 519 家企业购买科技保险的保费给予补贴。

第四，税收优惠方兴未艾，规模超过财政直接支出。以科研税收抵免为主的税收优惠政策正逐渐成为世界各国支持创新的主要手段。以法国为例，税收优惠规模已从 2000 年的占比 17% 增长至 2015 年的占比 60%，而以补贴形式为主的直接资助的占比则从 81% 下降至 19%。此类方式主要通过税收优惠政策，加强对创新活动的间接投入支持，采取税收减免、加计扣除、加速折旧等方式，鼓励和带动全社会研发。目前，我国税收优惠主要包括鼓励高新技术企业发展、加大研发费用投入、鼓励企业技术转让、投资中小型高新技术企业、支持大学科技园和企业孵化器发展、民办科研机构进口科研用品免税、固定资产加速折旧等。研发费用加计扣除等重点政策加快落实，2017 年，企业研发费用加计扣除政策抵扣所得税约 530 亿元；2011—2017 年高新技术企业累计减免税额 6 520 亿元，新增上缴税费 3.6 万亿元。

第五，中央层面的专项基金不断优化。国务院印发《关于深化中央财政

---

① 丁崇泰. 政府创业投资引导基金发展及美国经验借鉴 [J]. 地方财政研究，2019（3）.

科技计划（专项、基金等）管理改革的方案》（国发〔2014〕64 号），进一步优化了中央层面的专项基金。据统计，截至 2017 年底，全国设立政府创业投资引导基金共计 483 只，累计出资 620.9 亿元，引导带动创业风险投资机构管理资金规模合计 2 913.2 亿元；通过阶段参股、风险补助、投资保障等方式引导带动创业风险投资机构管理资金规模合计 2 393.38 亿元。[①] 同时，为促进科技成果资本化、产业化，引导带动社会资本投资科技成果转化，推动大众创业、万众创新，国家科技成果转化引导基金在 2017 年度设立了 6 只创业投资子基金，总规模达 173.5 亿元，引导放大比例 1∶4.5；国家新兴产业创业投资引导基金已委托 3 家单位作为引导基金的管理机构；国家中小企业发展基金已设立 4 只直接投资基金，总规模达 195 亿元。[②] 浙江省天使投资引导基金、陕西省科技成果转化引导基金、黑龙江省政府创业投资引导基金等地方引导基金也相继成立。

（三）创业风险投资活动更加活跃

创业投资相关法律法规、政策环境逐步完善，创业投资行业规模逐步壮大，投资更加关注兼具高风险性与高成长性的新兴企业，在增强全社会创新活力和动力、促进产业结构优化升级方面发挥重要作用（见表 5-1）。

表 5-1　风险投资相关政策一览表

出台部门	时间	文件	基本内容
国家发改委等 9 部委	2012 年 8 月	《关于中关村国家自主创新示范区建设国家科技金融创新中心的意见》	支持发展天使投资，壮大天使投资人队伍
中国人民银行等 6 部门	2014 年 1 月	《关于大力推进体制机制创新扎实做好科技金融服务的意见》	鼓励发展天使投资

---

① 中国科学技术发展战略研究院，中国科技金融促进会，上海市科学学研究所. 中国科技金融生态年度观察（2018）〔R〕. 2018.

② 中华人民共和国科学技术部：http://www.most.gov.cn/tztg/201801/t20180116_ 137733. htm.

（续上表）

出台部门	时间	文件	基本内容
国家发改委	2014 年 5 月	《关于进一步做好支持创业投资企业发展相关工作的通知》	支持发展天使投资，鼓励符合条件的天使投资机构备案为创业投资企业
证监会	2014 年 8 月	《私募投资基金监督管理暂行办法》	设立了创业投资基金专章，对创业投资基金作出特别规定
江苏省科技厅、财政厅	2012 年 8 月	《关于鼓励和引导天使投资支持科技型中小企业发展的意见》	明确扶持对象，加大政策引导和支持科技型中小企业发展的扶持力度，营造天使投资支持科技型中小企业发展的良好环境等
湖南省人民政府	2012 年 12 月	《关于促进科技和金融结合加快创新型湖南建设的实施意见》	发展天使投资基金，出台优惠政策，通过政府让利、风险补偿等方式，支持社会资本参与天使投资
北京市海淀区金融办	2013 年 6 月	《关于落实中关村国家自主创新示范区建设国家科技金融创新中心的实施方案》	培育聚集天使投资人，支持小微企业孵化成长，吸引境内外天使投资人聚集并开展业务
上海市政府	2014 年 7 月	《关于加快上海创业投资发展的若干意见》	鼓励社会各类资金参与天使投资，设立上海市天使投资引导基金，引导社会资本共同设立机构化天使投资企业
上海市科委、市发改委、市财政局等	2015 年 12 月	《上海市天使投资风险补偿管理暂行办法》	对投资机构投资种子期、初创期科技型企业，最终回收的转让收入与退出前累计投入该企业的投资额之间的差额部分给予一定比例的财务补偿

为促进天使投资发展，江苏、宁波、青岛、扬州等省市先后设立天使投资引导基金。2013 年 2 月，首家政府性天使投资引导基金公司在宁波成立，

规模为 5 亿元。2014 年 12 月，上海成立政府性天使投资引导基金，采取股权投资方式，撬动社会资本约 20 亿元。2014 年天使投资市场呈现空前盛世，据不完全统计，2014 年全年中国天使投资机构共完成 766 起投资案例，披露的天使投资机构投资金额总数超过 5. 26 亿美元。案例数量同比增长 353%，涉及金额同比增长 161. 7%。主流天使投资机构在 2014 年全年平均完成投资项目数高达 50 个，平均每周投资一个项目。2015 年 10 月，中原第一家规模为 5 亿元的政府性科技创新风险投资基金在河南省设立，以处于种子期与初创期的中小企业为重点支持对象，对科技创新型企业的支持作用明显。

在相关政策的大力推动下，我国创业投资总量持续增长，表现出以下特点：

第一，创业投资总量持续增长。2017 年，创业投资机构数达到 2 296 家，较上年增长 12. 3%。从资金规模来看，2017 年全国创业投资管理资本总量达到 8 872. 5 亿元，较上年增长 7. 2%，基金两极分化显现，管理资本超过 5 亿元的 10. 2% 的机构掌握了 72. 1% 的资本总量；[①] 从行业总体募集资金来源来看，仍以各类未上市公司资金为主体，占比 53. 89%，上市公司资金仅占 2. 55%；从资金来源所有制性质来看，政府及国有资金占比 35. 3%，个人投资占比 12. 0%，民营及混合所有制企业资金占比 19. 6%，外资企业占比 2. 1%；从投资行业来看，主要集中在网络、软件、IT 服务、通信设备、金融保险、新能源、生物医药等行业，集中了 40. 41% 以上的项目。相比而言，同期美国创业投资管理资本总额为 1 653 亿美元，占 GDP 总量的 0. 96%，欧洲创业投资机构基金管理资本总额约为 550 亿欧元。可见，中国创业投资在行业规模上仅次于美国，已经成为名副其实的创业投资大国（见图 5 - 2）。

---

① 中国科学技术发展战略研究院，中国科技金融促进会，上海市科学学研究所. 中国科技金融生态年度观察（2018）［R］. 2018.

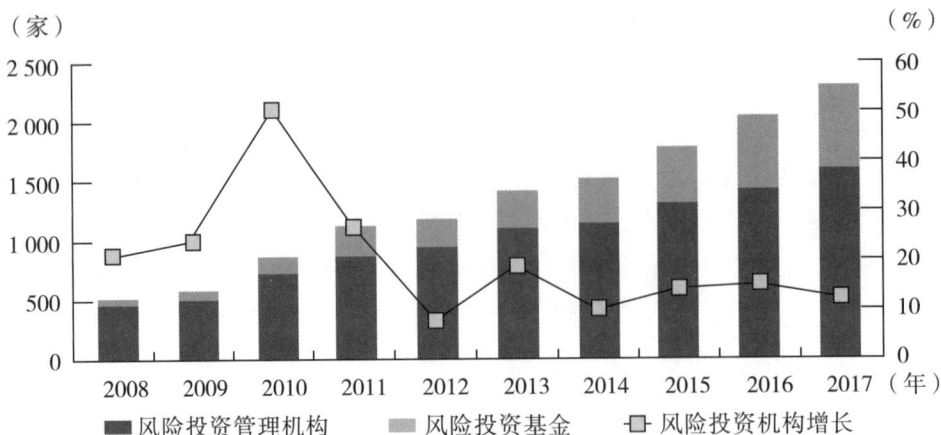

图 5-2   中国创业投资机构总量、增量（2008—2017）

资料来源：《中国科技金融生态年度观察（2018）》。

第二，全国风险投资的集聚效应非常明显。江苏、浙江、广东、北京、上海等经济发达地区一直是创业投资机构最为集聚的地区，这些地区的创业投资机构数已达 1 130 家，占全国总量的 63.7%。以江苏、浙江为首的风险投资在全国的占比从 2002 年的 18.2% 持续增加到 2017 年的 46.7%。此外，山东、安徽、湖南、湖北、重庆等中西部地区的创业投资在近年来呈现出比较明显的增长态势。从资金体量来看，北京、江苏、广东、浙江、安徽地区的管理资本总量排在了全国前五，合计占比 82.3%。其中，江苏、浙江地区的创业投资机构体量较小，约 70% 的机构资金规模在 5 000 万元到 5 亿元之间，而北京、广东地区的创业投资机构资金规模较大，40% 的机构资金规模在 5 亿元以上。

第三，退出渠道不断完善。据统计，2018 年第三季度（Q3）共发生 200 笔退出交易，同比下降 45.8%（见图 5-3）。按照退出渠道划分，其中 IPO 退出仍是最主要的退出方式，共计发生 127 笔，占比 63.5%。这主要源于市场 IPO 的暂停或放缓。相对而言，并购交易有所提升，尽管占比下降到 18%，但项目数额上升到 36 项。此外，新三板市场也促进了创业投资机构的有效退出，全年有 19 个项目通过新三板挂牌进行交易，占比 9.5%，退出的总体环境向好。①

① 清科研究中心.2018 年第三季度中国创业投资市场研究报告［R］.2018.

（笔）

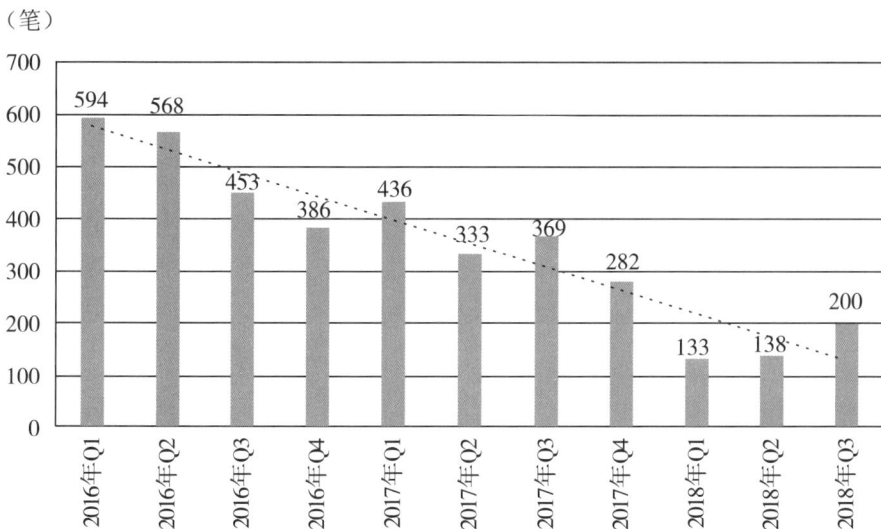

图 5 - 3　2016 年第一季度至 2018 年第三季度中国创业投资市场退出情况比较

资料来源：《2018 年第三季度中国创业投资市场研究报告》。

第四，天使投资人背景趋向多元化。职业经理人、演艺界人士和其他高净值人群纷纷加入天使投资人行列，个人天使投资群体日趋庞大。天使投资行业的发展也由过去以个人投资者为主开始向机构化天使转变。在这个转变过程中个人投资者与天使机构投资者在募资渠道、决策流程、投资理念及投后管理方面的风格也不尽一致，然而在最终的导向上都为国内初创企业提供了良好的创业氛围，并帮助其搭建创业生态圈。

（四）银行信贷不断丰富

2013 年，银监会出台《中国银监会关于进一步做好小微企业金融服务工作的指导意见》（银监发〔2013〕37 号），要求商业银行深入落实利率风险定价、独立核算、贷款审批、激励约束、人员培训、违约信息通报六项机制，并将单列年度小微企业信贷计划列入银行考核指标。2014 年，科技部、中国人民银行、银监会、保监会、证监会和知识产权局六部门联合出台《关于大力推进体制机制创新扎实做好科技金融服务的意见》（银发〔2014〕9 号），鼓励银行业金融机构在高新技术产业开发区等科技资源集聚地区新设或改造部分分（支）行作为从事科技型中小企业金融服务的专业分（支）行或特色分（支）行；在加强监管的前提下，允许具备条件的民间资本依法发起设立中小型银行，为科技创新提供专业化的金融服务；并加快推进科技信贷产品和服务模式创新。2016 年，银监会、科技部、中国人民银行联合制定《关于支持银行业金融机构加大创新力度开展科创企业投贷联动试点的指导意见》（银监发〔2016〕14 号），选择 10 家银行在 5 个国家自主创新示范区启动"投贷联动试点"工作。

截至目前，全国成立的科技支行超过 200 家，由用友网络等发起设立的中关村银行开业运营。先后成立了逾百家科技担保机构，并启动了国家科技成果转化引导基金风险补偿工作。"投贷联动试点"工作在国内稳步开展。此外，我国还探索建立了科技信贷风险补偿机制。[1]

（五）多层次资本市场不断完善

我国一直在致力打造多层次资本市场，通过对不同的交易市场进行分层、设定准入门槛以及投资门槛，让不同的企业在不同的资本市场中进行交易。资本市场体系越丰富，企业的股权交易就越顺畅，流动性就越强，更有利于企业发展。在资本市场上，不同的投资者与融资者都有不同的规模大小与主体特征，存在着对资本市场金融服务的不同需求。投资者与融资者对投融资金融服务的多样化需求决定了资本市场应该是一个多层次的市场体系。科技资本市场的多层次性以及不同层级间的差异化定位与转板机制有效契合了企业的生命周期，为科技型企业从孵化到成长再至成熟的不同阶段提供了资金融通、股权流转、并购重组、股权激励等全程化、立体式的服务与支持。[2]

目前，我国科技资本市场正走向金字塔结构的多层次资本市场体系：主板、中小板、创业板等场内市场位于金字塔的顶端，新三板、区域性股权交易市场、券商柜台交易市场等场外市场位于底层，再往下一级还涵盖了众多风险投资、私募股权投资等股权投资机构，以及越来越多的天使投资者，它们与多层次资本市场体系形成良性互动。这一体系不仅有力地支持了经济社会发展，而且为建立现代企业制度、构建现代金融体系、推动多种所有制经

① 张明喜，郭滕达，张俊芳.科技金融发展 40 年：基于演化视角的分析［J］.中国软科学，2019（3）.

② 麦均洪.我国多层次科技资本市场的重构与对策研究［J］.宏观经济研究，2014（11）.

济共同发展作出了重要贡献。我国资本市场主要由场内市场和场外市场两部分构成。其中场内市场的主板（含中小板）、创业板（俗称"二板"）和场外（场内）市场的全国中小企业股份转让系统（俗称"新三板"）、区域性股权交易市场、券商柜台交易市场共同组成了我国多层次资本市场体系。资本市场主要包括：第一，主板市场，也称为一板市场，指传统意义上的证券市场（通常指股票市场），是一个国家或地区证券发行、上市及交易的主要场所。主板市场对发行人的营业期限、股本大小、盈利水平、最低市值等方面的要求标准较高，上市企业多为大型成熟企业，具有较大的资本规模以及稳定的盈利能力。第二，二板市场，又称为创业板市场（Growth Enterprises Market Board），是地位次于主板市场的二级证券市场，以 NASDAQ 市场为代表，在中国特指深圳创业板。创业板市场在上市门槛、监管制度、信息披露、交易者条件、投资风险等方面和主板市场有较大区别。其目的主要是扶持中小企业，尤其是高成长性企业，为风险投资和创业投资企业建立正常的退出机制，为自主创新国家战略提供融资平台。第三，新三板市场，又称为全国中小企业股份转让系统（National Equities Exchange and Quotations），是经国务院批准设立的全国性证券交易场所，全国中小企业股份转让系统有限责任公司为其运营管理机构。新三板市场的定位是以机构投资者和高净值人士为参与主体，为中小企业提供融资、交易、并购、发债等功能的股票交易场所。2013 年，中关村科技园区非上市股份有限公司代办股份转让系统向全国推广，服务对象从国家高新技术产业开发区内的高新技术企业扩展到全国的创新型、创业型、成长型中小企业。第四，四板市场，又称为区域性股权交易市场，是为特定区域内的企业提供股权、债券的转让和融资服务的私募市场，一般以省级为单位，由省级人民政府监管，是我国多层次资本市场的重要组成部分。目前全国建成并初具规模的区域性股权交易市场有：青海股权交易中心、天津股权交易所、齐鲁股权托管交易中心、上海股权托管交易中心、武汉股权托管交易中心、重庆股份转让中心、前海股权交易中心、广州股权交易中心、浙江股权交易中心、江苏股权交易中心、大连股权登记托管中心、海峡股权交易中心等。① 至此，由主板、中小板、创业板、新三板和区域性股权交易市

---

① 张露. 多层次资本市场支持战略性新兴产业发展研究——基于深证新兴指数样本的实证 ［J］. 财会通讯，2016（2）.

场组成的多层次资本市场基本成型。

除此之外，2018年11月5日，习近平在首届中国国际进口博览会开幕式上发表演讲，表示将在上海证券交易所设立科创板并试点注册制。也就是说，在我国现有的包括主板、中小板、创业板、新三板以及区域性股权交易市场在内的正金字塔结构中，引入科创板后，多层次资本市场体系进一步完善，服务于科技创新的短板将得以改进。首先，科创板的推出有益于解决企业融资难、融资成本高的问题。一方面，科创板的推出增加了企业对接资本市场的选择；另一方面，创业投资机构退出渠道的拓宽也意味着一级市场更为活跃，预期中小企业融资难、融资成本高的问题将有所缓解。从企业的角度看，一方面，可选项的增加提高了企业选择资本市场的难度，资本市场的不同板块有不同的定位。相较于主板，科创板旨在服务科技创新；相较于新三板，科创板面向的是更为成熟的科技型企业，企业可根据自身的发展阶段以及不同市场的投资者结构做出对应的选择。另一方面，在市场化程度提高的背景下，只有真正具有成长性的企业才能获得合理的估值以及流动性。其次，科创板拓宽了投资退出渠道。目前，A股IPO依然是创业投资机构的主要退出渠道。在当前A股的发行制度下，投资机构的退出周期长、不确定性高。科创板及注册制的推出为投资机构提供了更为市场化的退出渠道，对投资机构而言属于实质性利好。注册制落地对创业投资机构的行业专业化投资及投后管理两大能力提出了更高的要求，头部机构将真正受益。目前，我国上市企业的估值中枢仍高于实施注册制的美股、港股市场。科创板及注册制落地后，预期一、二级市场估值差将进一步减少，企业成长性将是未来股权投资的核心盈利来源。对于投资机构而言，"行业专业化投资+投后管理"将是未来投资机构的重要能力。一方面，行业专业化投资有利于机构在细分领域积累资源、提高对高成长性资产的发掘能力；另一方面，投后管理的主要意义在于为企业赋能，帮助企业实现可持续发展。

当然，上述这些资本市场的基本特征就是排除"不合格"玩家，无论是初创企业还是普通投资者，都可能因为属于"不合格"玩家而不得其门而入，尤其是对于那些尚处在天使轮或种子期的初创企业更是如此。例如，在新三板上市的企业必须是非上市股份公司，存续期满两年，主营业务突出，具有稳定的盈利和持续经营的能力，并由主办券商推荐并持续督导。又如，根据

《私募投资基金监督管理暂行办法》的规定，私募基金的合格投资者是指具备相应风险识别能力和风险承担能力，投资单只私募基金的金额不低于 100 万元且符合下列相关标准的单位和个人：一是净资产不低于 1 000 万元的单位；二是金融资产不低于 300 万元或者最近三年年均收入不低于 50 万元的个人。

而股权众筹是主板市场、中小板市场、创业板市场、新三板市场及区域性股权交易市场的延伸，是我国多层次资本市场的重要组成部分，也被定义为未来我国的"新五板"市场。如果能够开放公开股权众筹融资，试点公募股权众筹，允许不符合上述标准的企业和投资者进入资本市场，将填补我国资本市场的这一空白，进一步完善我国多层次资本市场。成立于 2010 年的 Angel List 是全球最大的股权众筹平台，该平台截至 2017 年已经为 1 600 多家初创企业成功进行了融资，融资金额超过了 6 亿美元。这个平台已经成为一个规模非常庞大的、基于社交的主投和跟投型的、为初创企业进行投融资的平台。在上面注册的公司有 330 万家，其中明确表达有融资需求的有 37 万家，另外还有两万多家的初创企业在进行招聘。这表明股权众筹这一模式有较大的发展潜力。与此同时，债券市场创新不断，当年新推出了 7 种债券新品种，其中绿色金融债、绿色企业债、绿色资产支持证券和"双创"公司债直接或间接为科技型企业提供更丰富的融资渠道和更大量的融资供给。"双创"公司债主要是为满足创新创业公司因技术创新、产品研发、市场开拓等产生的资金需求。沪深市场为"双创"公司债试点积极准备，2016 年，新三板挂牌企业传视影视成功在深圳证券交易所发行"双创"公司债，单次发行募集资金 2 000 万元。"双创"公司债还处于探索阶段，融资规模无法与发行股票相比。但"双创"公司债对于弥补定增放缓、信贷收紧造成的融资缺口具有重要意义，此外"双创"公司债的期限和利率更适合解决创新创业企业小规模、高频次的融资需求。

资本市场作为重要的资金配置平台，为科技型企业提供了多元化的融资渠道，特别是创业板和中小板成为缺乏融资抵押物的科技型企业以及中小企业的主要融资平台。近年来，中小板、创业板中高新技术企业、战略性新兴产业占比始终较高，创业板上市公司中，高新技术企业占比 90%，战略性新兴产业公司占比约 70%，研发强度长期保持在 5% 以上，资本市场成为科技型中小企业融资的重要来源。① 截至 2017 年底，境内上市公司数（A、B 股）3 485 家，新三板挂牌企业 11 630 家。2017 年 A 股新上市公司数量创历史新高。万德（Wind）数据显示，以上市日期来统计，2017 年共有 434 家公司在 A 股上市，平均每个月达 36 家，较 2016 年的 227 家出现大幅上升，居历史最高位；在融资规模上，400 多家 IPO 合计募资 2 283 亿元，较 2016 年募资 1 496 亿增长了 52.6%。近年来推出的中小企业集合债、中小企业私募债、"双创"公司债等新产品也为科技型中小企业提供了更多融资工具选择。②

（六）科技保险不断取得新突破

2006 年，《关于加强和改善对高新技术企业保险服务有关问题的通知》由保监会颁布，该文件的发布标志着我国开始重视科技保险对科技创新的推动作用。2007 年，国家在包括重庆、天津、北京、武汉、深圳和苏州高新区 6 个城市（区）在内的首批科技保险创新试点城市（区）开展科技保险试点。2008 年，第二批科技保险创新试点城市（区）包括上海、成都、无锡、合肥、西安和沈阳国家高新区，大大推动了科技保险的发展。2010 年，保监会和科技部共同下发《关于进一步做好科技保险有关工作的通知》，由此科技保险开始推向全国。

试点城市通过建立科技保险发展的长效机制，促进了科技保险产品及服务的创新，扩大了承保范围和服务领域，在自主创业、研发、贸易、融资等方面为科技型企业提供全面有效的保险保障。

一是通过调研科技型企业保险需求，不断创新科技保险险种。例如中国人民财产保险股份有限公司苏州科技支公司根据苏州地区科技型企业特点推出了"科易保"科技保险系列产品、"领军人才"卓越保险计划、环球个人医疗保险等险种。同时深入开展首台（套）保险工作，在总结中关村试点经验基础上，2015 年，保监会与工信部、财政部加强协作，联合启动了在中央层面建立首台（套）重大技术装备险机制工作，联合发布《关于开展首台（套）重大技术装备保险补偿机制试点工作的通知》（财建〔2015〕19 号），

---

① 张明喜，魏世杰，朱欣乐．科技金融：从概念到理论体系构建［J］．中国软科学，2018（4）．

② 张明喜，郭滕达，张俊芳．科技金融发展 40 年：基于演化视角的分析［J］．中国软科学，2019（3）．

中国人民财产保险股份有限公司、中国平安财产保险股份有限公司、中国太平洋财产保险股份有限公司等七家保险公司成立首台（套）保险共同体。专利保险取得新突破，全面实现专利执行保险、侵犯专利权责任保险等保险业务运营。

二是积极开展科技保险综合业务创新。2012 年 11 月，中国人民财产保险股份有限公司苏州科技支公司成立，成为全国第一家科技保险专营机构。同时，中国人民财产保险股份有限公司还积极研发推出专利质押融资保证保险产品，创新性地引入"政银保"模式，率先在广东省中山市实现业务的落地，形成具有复制和推广价值的专利质押保险"中山模式"。2013 年 6 月，江苏保监局在苏州高新区开展"保险与科技结合"综合创新试点工作，深入开展科技保险综合业务创新，将科技保险工作从以前的产险领域，逐步扩大到寿险和资金领域，为科技型企业创新提供保险的综合性服务。此外，中山大学达安基因股份有限公司、广东省粤科金融集团有限公司、金发科技股份有限公司、和谐爱奇投资管理（北京）有限公司等七家企业正在发起设立粤科科技保险有限公司，经营范围包括科技型企业的财产保险、保证保险、责任保险、信用保险等。

三是地方专利保险不断创新模式。如"互联网 + 政府统保"的专利保险投保模式，以专利质押为特点的"中山模式"，实行"政府 + 保险 + 银行 + 评估公司"风险共担融资模式，开启了保险助力贷款的新模式。此外，为"双创"科技型企业提供涵盖传统风险、潜在法律风险、无形资产保护和综合金融服务等在内的一揽子产品体系，建立了"保险 + 双创孵化器 + 多家科技型中小企业"的"1 + 1 + N"的"双创"平台运营模式。

在推动科技保险工作的过程中，各地保监局、科技部门、保险机构积极进行沟通协调，密切配合，创新业务推广方式，有效发挥了合力。截至 2017 年底，政策性科技保险共为 6 183 家科技型企业提供风险保障逾 9 850 亿元，已支付赔款 2.96 亿元，有效地支持了科技型企业的正常运转。截至 2017 年底，专利保险在 75 家地市进行推广，累计为 5 510 家科技型企业的 11 322 件专利提供风险保障逾 93.83 亿元。①

---

① 张明喜，魏世杰，朱欣乐. 科技金融：从概念到理论体系构建［J］. 中国软科学，2018（4）.

（七）科技金融创新的法制体系不断完善

20 世纪 90 年代以来，金融监管体制、金融组织及金融市场变化巨大，且金融法律不断完善进步。目前，我国在信托、银行、保险、证券等领域颁布了对应法律与相应规范性文件。1995 年颁布实施《中华人民共和国保险法》《中华人民共和国商业银行法》与《中华人民共和国中国人民银行法》，接着是《中华人民共和国证券投资基金法》《中华人民共和国证券法》等金融法律，2002 年相继完善相关法律法规，初步建立了一套适应当时社会经济发展要求的金融法律制度，规范了金融主体参与科技创新活动的各种行为，一定程度上解决了公共金融支持科技创新过程中所产生的各种经济纠纷，促进了科技创新的发展，也支持了经济的可持续发展。①

第一，在财政科技和税收政策方面，财政部、科技部《关于改进和加强中央财政科技经费管理的若干意见》规定了完善科技资源配置的统筹协调和决策机制、优化中央财政科技投入结构、创新财政经费支持方式、推动产学研结合等；财政部、科技部《国家重点基础研究发展计划专项经费管理办法》规定了财政科技经费管理；财政部、国税局《关于促进创业投资企业发展有关税收政策的通知》规定了创业投资企业享受税收优惠的条件；财政部、国税局《关于企业技术创新有关企业所得税优惠政策的通知》鼓励企业进行技术开发、职工教育、仪器设备折旧，对其产生的费用予以不同程度的税前扣除，对高新技术企业实施税收优惠；科技部《关于加强科技条件财务工作的意见》规定了多渠道筹集资金、增加科技投入、创新投入方式等；财政部《基本建设贷款中央财政贴息资金管理办法》规定了对国家高新区管辖区域范围内的符合条件的基础设施项目给予贷款贴息支持，对西部地区国家高新区、战略性新兴产业集聚和自主创新能力强的国家高新区给予重点贴息支持。

第二，在政策性金融方面，银监会《支持国家重大科技项目政策性金融政策实施细则》规定了政策性银行自主经营、自担风险、对国家重大科技项目给予重点支持、享受风险补贴和贴息政策；银监会《关于商业银行改善和加强对高新技术企业金融服务的指导意见》规定商业银行要促进自主创新能

---

① 段金龙. 科技创新的公共金融支持研究［D］. 哈尔滨：哈尔滨工程大学，2016.

力提高和科技产业发展；银监会、科技部《关于进一步加大对科技型中小企业的信贷支持的指导意见》规定了科技型中小企业的四项条件，提出加大对科技型中小企业的信贷支持，完善科技部门、银行业监管部门合作机制，加强科技资源和金融资源的结合等七条意见；科技部、银监会《关于开展科技专家参与科技型中小企业贷款项目评审工作的通知》提出建立科技专家库对银行业金融机构的科技贷款项目进行审查和咨询；中国进出口银行《支持高新技术企业发展特别融资账户实施细则》规定了风险投资业务、投资咨询业务和为被投资企业提供管理服务等三种运行机制。

第三，在风险投资方面，财政部、科技部《科技型中小企业创业投资引导基金管理暂行办法》规定了引导基金的资金来源、原则、支持对象和引导方式等；国家发改委办公厅《关于进一步规范试点地区股权投资企业发展和备案管理工作的通知》规范了股权投资企业的设立、资本募集与投资领域，健全股权投资企业的风险控制机制，明确股权投资管理机构的基本职责，建立股权投资企业信息披露制度等；证监会《首次公开发行股票并在创业板上市管理暂行办法》规定了首次公开发行股票并在创业板上市的条件、程序、信息披露制度、监督管理和法律责任。

第四，在科技保险方面，保监会《关于加强和改善对高新技术企业保险服务有关问题的通知》确定了六种高新科技研发保险险种，探索并实践通过国家财政科技投入引导推动科技保险发展新模式等；科技部、中国出口信用保险公司《关于进一步发挥信用保险作用支持高新技术企业发展有关问题的通知》规定了科技部与中国出口信用保险公司建立经常性联系机制、发挥信用保险的便利融资功能、支持高新技术企业"走出去"等；保监会、科技部《关于进一步做好科技保险有关工作的通知》鼓励保险公司开展科技保险业务，支持保险公司创新科技保险产品、进一步完善出口信用保险功能、提高保险中介机构服务质量等。

第五，在信用担保体系方面，发改委、财政部、中国人民银行、国税局、银监会《关于加强中小企业信用担保体系建设的意见》提出要建立健全担保机构的风险补偿机制、完善担保机构税收优惠支持政策、推进担保机构与金融机构的互利合作等；工信部《关于支持引导中小企业信用担保机构加大服务力度缓解中小企业生产经营困难的通知》提出要切实发挥担保机构在促进中小企业转变发展方式上的积极作用，引导担保机构规范业务，加强对担保机构的组织协调和服务指导等；财政部、税务局《关于中小企业信用担保机构有关准备金税前扣除问题的通知》规定了允许中小企业信用担保机构进行企业所得税税前扣除的几种情况；工信部、税务局《关于中小企业信用担保机构免征营业税有关问题的通知》规定了信用担保机构的免税条件、免税程序、免税政策期限；财政部、工信部《中小企业信用担保资金管理暂行办法》规定了担保资金的支持方式及额度、担保机构申请担保资金的条件和要见等；财政部、工信部、银监会、知识产权局、工商总局、版权局《关于加强知识产权质押融资与评估管理支持中小企业发展的通知》提出要建立促进知识产权质押融资的协同推进机制，创新知识产权质押融资的服务机制，建立完善的知识产权质押融资风险管理机制等。

（八）科技金融服务平台更加完善

1. 各类担保机构蓬勃发展

为了激励融资性担保机构投入科技创新项目，国家先后出台相关政策支持融资性担保行业的发展，以切实解决融资难问题。1993 年，国务院批准中国经济技术投资担保有限公司特例试办，标志着我国担保业开始起步和探索。2010 年 3 月 8 日颁布实施的《融资性担保公司管理暂行办法》对融资性担保以及融资性担保公司的业务范围等进行了明确规定。2015 年 8 月，国务院《关于促进融资担保行业加快发展的意见》发布，明确进一步建立地区性融资性担保机构、省级再担保机构及国家融资担保基金的三级管理制度。大力发展政策性再担保机构，提升再担保机构的影响力，有利于充分缓解融资性担保机构的风险。

经过二十多年的发展，担保业在我国取得了蓬勃发展，在服务我国中小企业和地方经济发展方面发挥了积极的不可或缺的作用。目前，随着建设创新型国家和实施创新驱动发展战略的提出以及科技金融的发展，科技担保也取得了一定发展。从类型来看，科技担保主要有以下三种类型。

第一，政策性担保。为科技型中小企业提供科技担保一方面是发展科技所必需，另一方面科技担保基本上属于微利甚至亏损的状态，因此，商业性担保一般不愿进入，而只有以政府财政为主导才能保证供给，以保证科技型中小企业可以获得融资担保。① 故政策性担保占据了科技担保的大部分，承担了地方政府对科技型中小企业融资的支持，确保了科技担保的生存和发展。例如，获得财政支持的广东省粤科金融集团有限公司在全省国家级高新区相继布点设立了 9 个子公司和 5 个融资性担保公司，负责解决企业迫切的融资需要。当然，政策性担保发展的好坏更多地取决于地方政府的财政水平与支持力度。

第二，商业性担保。商业性担保基本上依循市场机制来运行，通过为科技型中小企业提供担保而获取一定利润。然而，科技型中小企业的高风险常常让担保机构承担了较大的担保责任，较大的担保责任不仅会让商业性担保没有利润，甚至面临无法经营下去的窘境，因而需要政府通过税收、补贴、基金等方式来对其进行补偿，以此鼓励商业性担保对科技型中小企业的支持。② 政府支持商业性担保机构发展的方式，一方面弥补了商业性担保机构担保高风险科技型中小企业的损失；另一方面也无须全部由政府财政支持，减轻了政府财政负担。

第三，互助性担保。基于行业协会或其他自治性组织而成立的互助性担保组织，以及一些企业相互之间进行互保联保，这种担保兼具商业性担保和政策性担保的功能。③ 一些互助性担保组织在行业协会或自治性组织内部为其会员或成员提供担保，虽然有效地提升了这些会员或成员的融资能力，但鉴于其服务对象的局限性，导致互助性担保组织无法为科技担保的发展作出更大贡献。另外，企业相互之间进行互保联保或连环担保会产生担保链，一定程度上降低了企业融资难的问题，但也可能加剧银行信用风险，甚至引发像佛山钢贸企业担保风险一样的系统性金融风险。

截至 2018 年底，全国政策性、商业性和互助性担保机构共有 6 053 家，实收资本超万亿元，近百家企业实收资本超过 10 亿元，逾 5 000 家企业实收资本超亿元，平均注册资本 1.07 亿元，在保余额 3.22 万亿元，平均每家担保机构在保余额 5.32 亿元；其中，国有控股机构共计约 2 642 家，占比42.65%，非国有控股机构共计约 3 411 家，占比 56.35%。各类担保机构帮助

---

①　曹凤岐. 建立和健全中小企业信用担保体系［J］.金融研究，2001（5）.
②　王素莲. 论中小企业信用担保体系的组织取向［J］.当代经济研究，2005（1）.
③　钟田丽，孟晞，秦捷. 微小型企业互助担保运行机制与模式设计［J］.中国软科学，2011（10）.

了一大批科技型中小企业成功获得了银行融资，推动了科技创新的发展（见表5-2）。

表5-2　中国现有担保机构类型及特点分布情况

结构类型	组织形式	资金来源	特点	代表企业
政策性担保机构	企业法人、事业法人和社会团体	以财政拨款为主，部分为央企、大型国有企业代为出资	不以盈利为目的，政策导向明确	中债增、中投保、中再集团等
商业性担保机构	企业法人、个人独资或合伙、国有独资市场化运营	国有企业、民营企业等出资组建	管理科学，风险防范意识较强；担保业务创新积极性高	武汉信用、翰华担保等
互助性担保机构	社团法人、企业法人	会员企业出资	以盈利为目的，只为会员企业提供担保服务	杭州长久资产管理有限公司

2. 中小企业信用体系建设优势凸显

目前，我国中小企业信用体系建设模式主要有以下三种：

第一，基于大数据和云计算技术为基础创建的私营征信机构模式，以金电联行（北京）信息技术有限公司、阿里小贷等为代表。这类机构从收集企业生产经营、缴纳税费、劳动用工、用水用电等"软信息"入手，建立了针对中小企业的信用评审机制，打破了传统的以财务数据等"硬信息"评价信用、资产抵押为主的融资理念。该模式最大的优点是建设主体身份明确，符合《征信业管理条例》等法律法规规定，市场化程度高，收集的信息更符合中小企业生产经营特点，能客观评价中小企业的信用状况。该模式最大的不足是不能收集政府和银行掌握的信用信息，其评级产品也很难得到金融机构认可。

第二，银行金融机构结合自身信贷管理制度建立的中小企业信用信息电子档案模式，以面向中小企业提供资金支持的股份制银行和地方中小法人银行等为代表。采集的信息包括企业生产经营基本情况、反映企业信用状况的"三品三表"、偿债能力等，并设定了相应的信用评定模型，根据评分高低给予授信额度，企业在一定期限内循环使用并可享受免抵押、担保或利率等方面的优惠。该模式采集的信息基本供本机构使用，参考价值高。局限性主要体现在信息共享面小，使用范围窄，影响力有限，很难采集到政府部门和非银行信息，采集方式上"一行一策，各自为政"，内容、形式不统一，不利于中小企业信用体系建设的长远发展。

第三，政府主导模式，又可细分为两类：①按照"政府主导、人行推动"的思路由地方政府与中国人民银行共同建立中小企业信用信息数据库，主要收集企业信息、政府部门和金融机构掌握的信用信息。同时，通过信用信息服务网将数据库与政府部门政策信息、金融机构产品信息、企业融资需求信息实现共享。这类模式在各地探索过程中也因地域不同而有差异。②地方政府主导建立，主要以北京中关村为代表，中关村科技园区管理委员会按照"政府推动、政策引导、多方参与、市场化运作"的原则成立了由园区企业、商业银行、担保机构和信用中介机构共同参与的中小企业信用体系建设模式。

政府主导模式的主要优势在于：①数据采集保障机制健全。该模式一般都建立了由当地主管领导、政府职能部门、金融机构负责人组成的领导小组，用政府行政命令的方式解决数据采集问题。②采集标准和评价标准自成体系。该模式大多以中国人民银行颁布的《中小企业信用体系建设基本数据项指引》为依据，结合当地实际合理分配指标权重，并经多方论证，建立了信用评价分值、权重，将定量评价标准与定性评级方法相结合，避免过多的人为因素及仅凭固定数据影响评级结果等情形。③成员单位覆盖面广，部门间信息共享便捷。该模式一般以地级市为单位进行信息采集，大都成立了行业协会或信息服务中心，负责建立中小企业信用信息数据库，依托现有的政府公共网络组建了信息交互共享平台，采集的非银行信息不断延伸，入库数据逐步增加。同时，该平台还可以持续发布企业需求、金融机构产品、政府部门对中小企业的支持政策等，实现了社会化应用效果和信用信息辅助社会综合治理的功能。

3. 科技金融服务平台不断涌现

我国科技金融服务平台主要包括依托政府资源建立的公共性科技金融服

务平台，以及依托市场机构、企业建立的市场化科技金融服务平台。截至2014年底，我国共有科技金融服务平台28家，其中市场化科技金融服务平台17家。科技金融服务成为现代服务业发展的新兴业态。天津、武汉、成都等地开发了科技型中小企业数据库；北京、上海、江苏、浙江、陕西创新开展了科技型企业信用体系建设、科技金融专员服务，开通了科技金融服务热线等；北京中关村科技园区实施瞪羚计划，将信用评价、政府资助和企业融资相结合。[①]

第三节　金融支持创新型中小企业发展存在的主要问题

目前，科技金融发展在工作机制、政策机制及效益评估等方面取得了显著成效，但还不能满足我国经济转型和科技型企业技术升级对金融的需求。

一、 财政科技支持体制有待完善

（一）财政科技投入的相对量不足

面对科技投资的高风险性，仅靠市场并不能完全解决科技型中小企业的资金需求，只有建立全方位的政府政策体系才能弥补市场缺陷。然而我国科技金融体系尚缺乏完善的政府政策服务体系和税收激励政策。近些年，尽管中央和地方政府逐年投入的数额在增加，但是财政科技投入占财政总支出的比重是相当有限的。一方面，在研发经费方面，相比发达国家，我国研发经费支出偏少。美国2018年研发经费支出占GDP的比重为2.79%，而我国2018年研发经费占GDP的比重为2.19%，低于同时期的韩国、日本、德国等经济发达国家。另一方面，我国的财政科技投入与财政总支出的规模相比仍显不足。财政科技投入占财政总支出的比重不高且增长缓慢，财政科技投入占财政总支出的比重从2000年的3.6%到2006年首次突破

---

① 张明喜，郭滕达，张俊芳. 科技金融发展40年：基于演化视角的分析［J］. 中国软科学，2019（3）.

4% 再到 2018 年的 4. 31%。图 5 – 4 为我国 1980—2018 年财政科技投入占
财政总支出的比重，年平均拨款率为 4. 54%。政府财政科技投入中用于科
技金融的资金不足，中央财政科技投入中直接用于科技金融的资金不足 50
亿元。

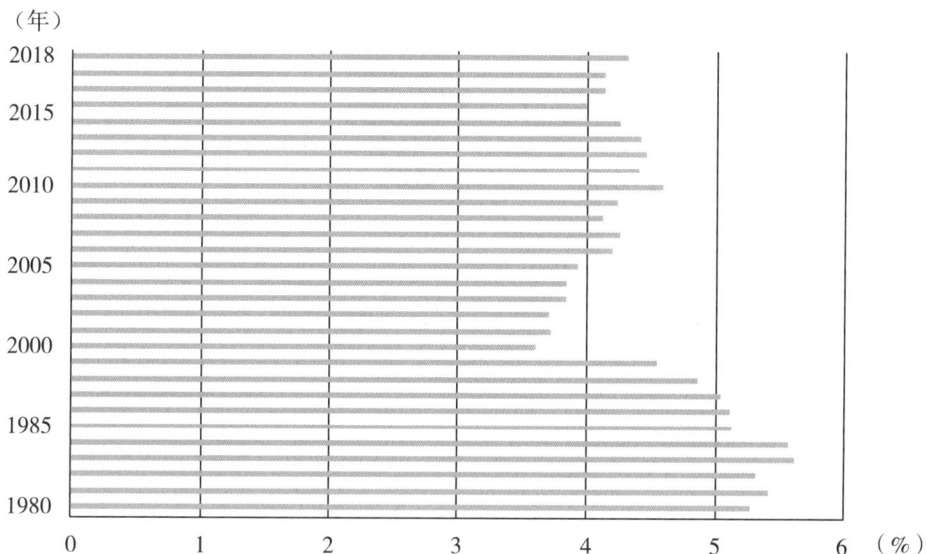

图 5 – 4　1980—2018 年我国科技投入占财政总支出比重

注：根据历年《全国科技经费投入统计公报》数据整理制作。

（二）财政科技投入结构不合理

（1）财政科技投入地区差异大。我国财政科技支出主要集中在几个省份，
经济发达地区和经济欠发达地区，东部和中、西部财政科技支出水平差异大。
经济发达的东部地区由于经济发展水平高、财政收入多，地方政府对于财政
科技投入的力度也较大，而经济欠发达的中、西部地区由于自身经济水平和
财政的限制，没有能力将较多的经费投入财政科技活动中，财政科技支出微
乎其微。

以 2018 年为例，我国东、中、西部地区研发经费分别为 13 650 亿元、
3 537. 3 亿元和 2 490. 6 亿元。东部地区研发经费占全国比重达 69. 4%，继续
保持领先优势；中、西部地区占比较小，其中中部地区占全国比重为 18%，

西部地区占比仅为 12.6% （见图 5 – 5）。科技对经济增长具有重大的贡献，科技水平的差距会进一步拉大各地区经济的发展水平，因此经济欠发达地区的财政科技投入有待进一步改善。

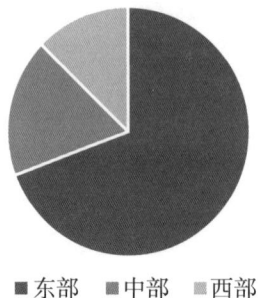

■东部 ■中部 ■西部

图 5 – 5　2018 年我国东、中、西部研发经费对比

注：根据《2018 年全国科技经费投入统计公报》数据整理制作。

（2）财政科技经费投向部门结构不合理。我国财政科技经费将支出的重点放在了试验发展上，占据了经费的大部分，基础研究和应用研究的比例明显偏低。发达国家的基础研究经费都达到 10% 甚至 20% 以上，而我国的基础研究经费支出低于 5%，差距明显。事实上，基础研究才是创新的动力和源泉，重试验发展、轻基础研究的做法则会使财政科技的努力大打折扣。[①]

（三）财政科技经费投入方式不够灵活

（1）财政科技投入方式仍以无偿资助为主，其他方式仍处于探索阶段。无偿资助占比过高，可能导致财政科技投入的低效使用和创新主体对财政资助的路径依赖。目前，风险投资、科技担保、科技保险、科技贷款等市场化程度较高的支持方式尚未发挥明显作用，直接投入与税收激励、知识产权、人才培养等政策的衔接不够，财政资金对金融资本和民间资金的有效引导和带动也不足。另外，很多创新投入方式只是简单套用已有案例，并未针对具体环境的不同做出相应调整，且各种方式之间亦缺乏协调性。

（2）引导基金存在形式化倾向。各地一哄而上发展引导基金、大量使用

---

① 陈玉佩. 我国财政科技投入存在的现状、问题及对策 ［J］. 科技创新与应用，2016（29）.

股权投资支持方式也带来了一些问题。例如，部分地区以引导基金为名，大量投资产业化项目，这在一定程度上违背了政策设计初衷，导致政府仍要采取直接资助等无偿手段填补此类"市场失灵"。①

（四）税收优惠有待优化

税收优惠有待优化的原因如下：第一，高新技术企业所得税优惠政策激励效果显现，但须加强监管，并动态更新领域范围，部分指标需要进一步明确；第二，研发费用加计扣除的优惠政策其积极作用显现，但未实现普惠，加计扣除口径仍有扩展空间；第三，技术交易税收优惠政策实施效果不理想；第四，个人股权奖励所得税优惠政策难以落实；第五，专门支持中小企业技术创新的税收政策缺失。

（五）财政科技经费管理较为粗放

目前，我国财政科技经费管理还不能完全适应科技创新活动的特点和规律，管理不够科学透明，资金使用也存在违规违纪现象。除无偿资助外的支持方式，在资金使用时间、管理流程、监督检查等方面依然简单套用无偿资助的管理方式，导致财政科技经费管理僵化和低效。财政科技经费管理中政府与市场的关系没有厘清，政府和市场的作用均没有得到有效发挥，科技创新资源配置效率有待进一步提高。②

二、　科技资本市场发展不充分

健全多层次科技资本市场是完善现代金融市场体系的重要内容，也是促进经济转型升级的一项战略任务。目前，我国资本市场尚处于初级阶段，基础薄弱，还存在诸多问题亟待解决，对科技型中小企业的支持力度仍旧不够。

（一）难以满足科技型中小企业融资需求

一是在场内市场不能满足科技型中小企业的融资需求。虽然中小板、创

① 陈玉佩．我国财政科技投入存在的现状、问题及对策［J］.科技创新与应用，2016（29）．
② 张明喜．再论财政科技经费投入方式创新［J］.科技管理研究，2016（5）．

业板的设立为科技型中小企业提供了直接融资的渠道，但企业上市门槛高、周期长、成本高、程序复杂，不能满足科技型中小企业实施技术更新、产品升级换代对资金的急切需求。首先，中小板在制度设计上与主板市场现行法律、上市标准、上市程序一致，关注企业盈利能力和经营成果等硬性指标，不注重企业管理质量、产品科技含量、研发能力以及发展潜力等软性指标，较为适合发展处于成熟期的企业，对处于创业期的科技型中小企业不适用。其次，相较于英国、新加坡等国家和地区成熟的创业板市场，中国创业板在持续经营年限、利润等上市标准上更为严格，现已在创业板上市的企业，大多处于成长期后期或成熟期，大量处于初创期的科技型中小企业离创业板上市门槛还有较大距离。因此，科技型中小企业亟须一个适合其成长特点的独特的资本市场来持续为其提供高效的资源配置。成熟资本市场的经验表明，场外市场是多层次资本市场的重要基础和补充。

二是场外市场对科技型中小企业的支持力度有限。一方面，新三板挂牌企业的融资机制尚未有效发挥，对科技型中小企业支持的力度受到限制。新三板在成立初期被寄予成为"创立高科技企业成长最佳摇篮"的厚望，自新三板成立以来虽然交易量持续放大、市场效应凸显，但整体较主板市场还不够成熟和活跃，众多挂牌企业由于缺乏做市交易导致流动性不足，影响了增发募资及并购重组等核心功能的发挥，持续融资机制未有效建立。另一方面，区域性股权交易市场融资少、认可度低，服务科技型中小企业的能力有待提升。区域性股权交易中心是多层次资本市场的重要组成部分，对于促进科技型中小企业股权流转和持续融资、鼓励科技创新和激活民间资本、加强对实体经济薄弱环节的支持具有积极作用。截至2018年6月底，全国共设立37个区域性股权交易市场，共有挂牌企业21 730家。虽然区域性股权交易市场挂牌企业众多，但多数存在流动性不足的问题，缺乏广泛投资者参与，且融资功能并未有效发挥。由于融资少、交易冷清，社会对区域性股权交易市场的认可度较低。

（二）资本市场发展不均衡

1. 产品结构失衡

近年来，债券市场发展迅速，债券品种日渐丰富，其中银行间私募债、创业板私募债、中小企业集合债、集合票据和中小企业私募债等更是服务于中小企业的创新品种。但与股票市场的发展速度相比，呈现出股票市场和债券市场发展的结构性失调现象。同时，债券市场产品发展不平衡，以基础行业的企业债券为主，高新技术企业债券发展不充分；以短期限的固定利率债券为主，促进中小企业持续发展的中长期浮动利率债券发展不充分；以普通债券为主，激励企业做大做强的信用债券发展不充分。[①]

2. 多层次资本市场发展不均

第一，创业板发展不均。目前，我国创业板上市公司的行业分布较广，其中制造业占比超过 70%，信息技术业占比超过 18%，批发零售、运输仓储、环保卫生等 11 个行业占比不到 12%，行业分布极不均衡。从我国产业结构的发展来看，产业结构升级有明显的加快趋势。2018 年我国第三产业总产值占 GDP 的比重已经超过了第二产业，达到 52.2%。世界产业结构变迁和技术发展的趋势显示，三大产业中第三产业和第二产业内部子行业结构性变化的不确定性非常明显，而创业板上市公司所属行业的过度集中，加大了整个板块的风险。一旦遭遇市场危机，创业板将面临巨大的市场风险。此外，在推动科技型企业在创业板上市方面还存在诸多缺陷，致使各地在创业板上市的企业数差别巨大。同时，深圳创业板上市公司 IPO 发行的市盈率明显高于主板和中小板上市公司，价格高估明显，"破发"的情况不断出现。从指数的涨跌幅来看，创业板也明显高于其他板块，指数波动较大。

第二，新三板发展受制度约束。截至 2016 年底，有 12 家新三板挂牌企业采用传统转板操作模式，待证监会接受上市申请之后，先在股份转让系统暂停交易，在正式获得证监会新股发行核准之后，再从股份转让系统摘牌。数据显示，2017 年开始，新三板企业摘牌速度明显加快，还不到 3 个月，终止挂牌的企业数量就已经达到 43 家，3 月 20 日就有 14 家企业发布终止挂牌公告。随着 IPO 审核的加速，很多企业为提高决策效率直接启动了 IPO 程序，2017 年全年退市企业数量超过 300 家。总而言之，新三板的转板制度还不健全，面临着"何时推"和"怎么推"的问题。如何细化转板标准和流程，并且建立灵活有效的转板制度，使得各个层次的资本市场成为有机整体，形成

---

① 陈君君. 多层次资本市场与小微企业融资问题分析［J］. 当代经济，2015（15）.

新三板同创业板、中小板和主板优势互补、良性互动的新格局，仍是新三板发展过程中面临的一大难题。另外，新三板准入制度的限制，大大削弱了中小投资者的投资积极性。

第三，区域性股权交易市场盈利模式不完善。区域性股权交易市场虽然实现了部分企业挂牌融资，但绝大多数挂牌企业的资金对接方是银行机构，不排除企业本身已符合银行授信条件而只是借助区域性股权交易市场来套取政府奖励的可能。另外，区域性股权交易市场的业务产品、收费模式、商业模式不是非常明确，区域性股权交易市场存在挂牌企业数量少且规模小、中介机构参与积极性不高、投资者参与积极性低等问题。现阶段，区域性股权交易市场收入来源主要依赖政府补贴，明确的、可持续的商业盈利模式亟待建立。因此，区域性股权交易市场虽能保持经营，但长此以往，市场将失去活力，发展前景不容乐观。

第四，产权交易市场主体行为不规范。主要表现在四个层面：一是政府行为的非理性，不是从培育交易环境着手，而是关心具体的交易项目和交易价格；二是交易市场主体身份的多重性，既作为交易的裁判者、信息场地的提供者，又从事产权交易的经济业务，市场定位存在偏差；三是部分企业对产权进场交易认识不足，场外及私下交易仍有发生；四是资产评估机构、产权经纪公司等社会中介机构业务素质、诚信度有待提高。

（三）风险投资发展滞后

随着创业板的繁荣发展与新三板的全国扩围，风险投资的退出机制不断通畅，盈利模式不断清晰，近年来发展十分迅速，但仍存在较多不足，整体发展较为滞后，未能与科技有效融合。其一，地区发展不均衡，深圳遥遥领先，其他城市体量不大。其二，退出渠道单一，IPO、新三板挂牌仍然是风险投资的理想退出方式，而其他股权交易中心的作用有待挖掘。其三，政策性基金的引导功能不足，各级政府设立政策性基金超过 20 只，规模达到 500 亿元；财政性基金在考核评价机制上以"保值增值"为主要目标，与创业投资"以 20% 的成功覆盖 80% 的失败"理念不一致。其四，政出多门，市场处于原生状态，发改委、财政部、科技部、经信委、工商部门、金融监管部门都有支持政策，但政出多门，难以形成政策合力，且缺乏统一的信息交流发布平台，信息不对称，资金和项目都难以对接。

（四）行政性干预较多

目前，在主板（含中小板）和创业板构成的场内市场，企业上市实行核准制，从前期审核到最终批准都集中在证监会，这种情况下监管机构不单是市场监管者，也是市场参与者。在过去几年中，监管机构对市场行为进行行政化管理较为普遍，对股票发行的节奏、定价、散户和大户之间的分配方案等本应该由市场或企业自主决定的问题都加以管控，使得股票市场配置资源的能力得不到充分发挥。同时监管机构人为控制发行节奏，使得近年来股票市场 IPO 多次被叫停，大量待发企业长时间不能过会发行，企业通过发行股票进行股权融资的意愿降低，整体市场规模也难以扩大。①

另外，某些区域性股权交易市场并非是在市场需要的情况下自发形成，因此存在与当地经济和社会发展脱节的现象，导致一些市场虽有企业挂牌但交易冷清。由于与市场需求并不契合，优质挂牌企业少，投资者积极性低，挂牌企业难以实现融资和股权交易，造成市场缺乏吸引力并逐渐形成恶性循环。

（五）资本市场诚信体系建设不足

企业诚信不足问题在银行贷款中也普遍存在，但银行发放贷款时会对企业状况进行调查，以降低信息不对称带来的风险。在资本市场直接融资的情况下，投资者众多，在机制上只能依赖中介机构提供的报告和企业自身诚信，诚信不足问题在资本市场较为突出。如 2013 年，监管机构组织对 IPO 待审企业进行财务核查时，共 268 家企业提交终止审查报告（占比 30.49%），而监管机构组织抽查的十余家企业中，就有两家涉嫌严重的财务造假。由于制度等各方面原因，资本市场失信成本较低，如编造虚假材料欺诈上市的万福生科，募集资金 4.25 亿元，最终法院判处罚金 850 万元，董事长被判刑 3 年 6 个月，证监会罚款 30 万元，但万福生科并未被退市。

因此，直接融资的高成本实际上是在诚信体系不足情况下的风险溢价；"倒三角"市场构成则是诚信度、信息透明度影响下形成的自然选择。在当前

---

① 吕劲松．多层次资本市场体系建设［J］．中国金融，2015（8）．

多层次资本市场中，主板（含中小板）和创业板等场内市场进行实质性审核，虽然也存在虚假问题，但诚信度相对较高，因此能够吸引较多投资者；而新三板、区域性股权交易市场由于透明度较低，投资者难以判断企业真实情况，造成大量投资者集中在主板和创业板的局面。

（六）企业股权融资意识低

从企业角度而言，当前股权融资意识较低，大部分企业倾向于债权融资。通过股权融资后，企业会出让部分股份未来收益，让渡一些企业控制权，同时股权融资后企业信息会在一定范围内公开，受到各方关注，因此部分企业不愿进行股权融资，而是倾向于贷款等债权融资。从外部环境而言，金融体系提供股权融资服务的能力不足。银行业具有较为完备的基础设施，每个县域内都有多个银行分支机构，具备贷款条件的企业在当地就能完成融资。而企业在资本市场融资需要到北京（主板、创业板、新三板）、省会城市完成相关审批或注册手续，异地办理加大融资成本和难度，这对中小企业来说尤为明显。

此外，债券市场还存在多头建设、多头管理的问题。当前债券品种主要有公司债、企业债和中期票据等，分属证监会、发改委和中国人民银行等部门管理，在发行审批上，部门之间横向职权多头分割、自成体系。虽然融资主体、功能相近，但发行条件、资金使用、信息披露、信用评级等监管要求并不相同，也留下了利用规则差异寻求监管套利的空间，影响债券市场资源配置的效率和公平。

企业股权融资意识较低、资本市场股权服务能力不足、债券市场多头建设等多重因素加剧了"重债轻股"趋势的形成。

（七）公开股权众筹没有放开

目前中小企业发展主要依靠自有资金和银行贷款，但中小企业特别是科技型中小企业风险较大，获取银行贷款较为困难，因而更期望能够通过股权投资或偏向于股权投资的方式来解决自身的融资难问题。然而，融资者与投资者并不相互熟悉，也存在信息不对称的情况，因而欠缺一个将两者撮合在一起的机制。而股权众筹就是通过互联网平台，让融资者与投资者有一个交流和交易的地方，并通过股权投资，使投资者与融资者共同成为公司的股东，以获得未来的收益，因而股权众筹可以帮助初创企业接触到大量的潜在投资者。在《乔布斯法案》获得通过后，美国前总统奥巴马就曾如此评价："由于这项法案，初创企业和小型企业能够接触到大批新的潜在投资者——即全美国人民。这是第一次，普通美国民众可以通过网络来投资他们信任的公司。"股权众筹还可以解决中小企业融资者的融资形态。融资者不用一家一家敲门或发邮件请求投资，而是转变融资形态，让投资者主动送钱给融资者，融资者主动选择要谁的钱、不要谁的钱，达到快速合投的目的。当然，投资者受让了项目公司的股权后，并不能要求项目公司按期还本付息，也不能要求项目公司在经营困难或破产时优先偿付其投资，而是与项目公司的其他股东共同进退。这非常有利于初创企业解决初期发展的资金问题。因此，股权众筹是主板、中小板、创业板、新三板及区域性股权交易市场的延伸，是我国多层次资本市场的重要组成部分。

以群众集资行为为主的股权众筹，必然需要面向不特定对象转让股权或发行股票，但《中华人民共和国证券法》明确规定，向不特定对象发行证券必须经过证监会的核准，2014 年证监会出台的《私募股权众筹融资管理办法（试行）》（征求意见稿）也仅对私募（非公开）股权众筹进行了规定。有人戏言，这样基本上把股权众筹搞成了私募基金，与互联网金融"大众参与、便利普惠"的特征背道而驰，更与股权众筹的"群众集资"的本质特征相悖。如果股权众筹缺乏制度和政策的保驾护航，如果股权众筹从业者不知道业务的边界在哪里、不知道创新的边界在哪里，如果任何行为都蕴含巨大的法律风险，那么，即便那些秉承金融专业性、敬畏市场规则的平台也会束手束脚，不敢轻举妄动。举例来说，我国刑法规定，未经证监会等国家有关主管部门批准，向不特定社会公众擅自发行股票或者公司、企业债券，涉嫌擅自发行股票，向超过 200 人的特定对象擅自发行股票也构成此罪。而如果不涉及证券发行，未经有关部门批准，公开向不特定社会公众吸收资金，并承诺还本付息或给付回报，也涉嫌非法吸收公众存款。可见，股权众筹与非法吸收公众存款、擅自发行股票等其实仅一线之隔。例如，2013 年美微传媒在淘宝网公开售卖原始股权被证监会叫停，并认定其涉嫌擅自发行股票。如果中小企业的股权众筹融资项目失败，投资者就会对股权众筹融资提出质疑，要求相关部门以违法犯罪来追究股权众筹平台和融资者的责任，这种情况必然让股权众筹平台害怕、退缩。

从股权众筹的发展历程也可看出其存在的问题。从 2013 年的"星星之火"，到 2015 年的"燎原之势"，再到 2017 年的"沉寂茫然"，曾经红火一时的股权众筹，短短几年之内，就走向了衰落。最高峰的 2015 年，上百家股权众筹平台如雨后春笋般冒出，众多互联网巨头如京东金融、蚂蚁金服、百度等也相继加入，股权众筹平台最多时有 300 多个。而到了 2017 年，股权众筹平台纷纷退出市场，不少主流股权众筹平台也纷纷陷入"休眠"状态，行业野蛮生长的局面基本结束。网贷之家每月发表的众筹行业月报统计数据显示，2017 年 6 月，在平台数量方面，全国股权众筹平台共计 323 个，其中非公开股权众筹平台为 93 个；2017 年 12 月，全国股权众筹平台共计 280 个，与 2016 年同期相比下降约 33%。其中，非公开股权众筹平台共计 76 个，与 2016 年同期相比减少 42 个，降幅高达 36%；2018 年 3 月，全国各类型正常运营的股权众筹平台共计 187 个，其中正常运营的非公开股权众筹平台共计 59 个（见图 5-6）。

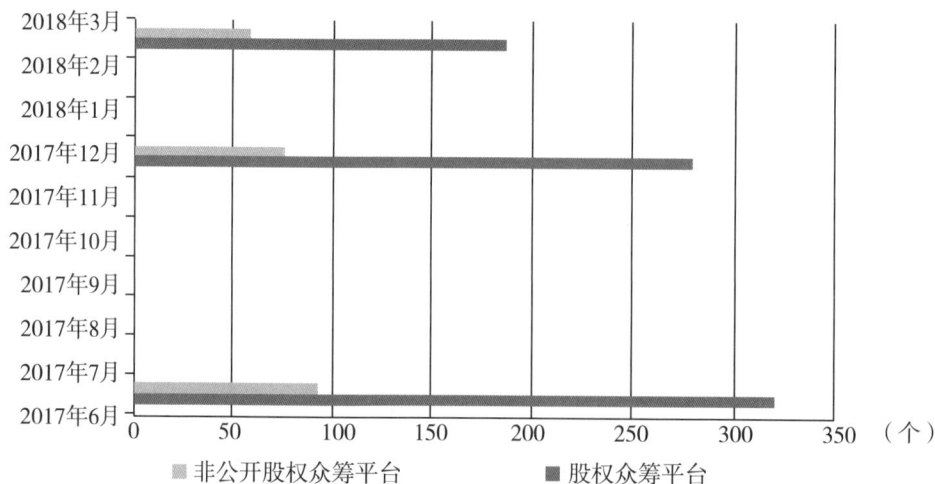

图 5-6　2017 年 6 月—2018 年 3 月我国股权众筹平台情况

注：根据网贷之家每月发表的众筹行业月报统计数据整理制作。

股权众筹这种断崖式下降，有人将其归咎于股权众筹自身特性所致，认为需要股权众筹的企业一般是不容易从风险投资获得资金支持的、具有高风险性的初创企业，而参与股权众筹的投资者大都是风险承受能力相对较低且资金量小的个人投资者，这导致了股权众筹行业无法长远发展。也有人认为是由于国家自 2016 年起加强了对互联网金融的监管，"规范发展、合规经营"成为互联网金融的主旋律，股权众筹行业也不例外，因受到诸多限制而无法前行。其实不然。我们认为，股权众筹之所以走到这一地步，不是自身性质决定的，也不是监管过严导致的，而是制度缺失、政策不明所致。

三、　创业风险投资体系不完善

（一）对投资者保护不足

以创业风险投资较为普遍的组织形态——有限合伙为例。按照传统的合伙人承担有限责任的适用条件，即作为有限合伙人享受有限责任的对价，有限合伙人丧失对合伙企业事务的经营管理权，这就是所谓的"两权分离"原则。在"两权分离"的情形下，有限合伙人存在严重的信息不对称问题。一是有限合伙人与普通合伙人的信息不对称。在有限合伙中，有限合伙人是风险投资家，普通合伙人是合伙企业的经营者，即风险企业家，按照《中华人民共和国合伙企业法》关于有限合伙的规定，有限合伙人一般不参与企业经营，企业由普通合伙人经营。对于合伙企业的经营财务信息，在风险企业的选择和管理等方面，有限合伙人与普通合伙人信息不对称，风险企业家可能产生如下道德风险：盲目投资收益巨大同时风险过高的项目；对企业总体收益没有全局考虑；其努力与实际获得的收入不相称；制造虚假财务信息；将企业利润占为私有，违反忠实义务与勤勉义务。二是有限合伙制风险投资基金与风险企业的信息不对称。不仅在有限合伙企业内部存在信息不对称，在有限合伙企业与所投资的风险企业之间也存在信息不对称；部分风险企业为了获得投资向风险企业家隐瞒自己企业的真实状况。例如，风险企业为了急于获得项目投资向风险投资家虚报和夸大该项目的市场价值；将仅处于设想或实验室测试阶段的技术夸大成具有市场实践的技术；夸大项目的市场前景、增长潜力等。由于专业限制，许多高科技企业的高端技术除了专业人员，其他人是难以掌握的，即便不是风险企业故意隐瞒，客观上也导致了信息不对称程度的进一步加深。连普通合伙人对此都存在信息不对称情况，作为有限合伙人，这个情况就更突出。因此，必须要解决有限合伙人的后顾之忧，鼓励他们积极投资，在法律上给予有限合伙人足够的保护。

（二）创业风险投资机构去风险化倾向日益明显

资本对风险的认识还存在较大偏差，纵观创业风险投资机构，可以发现大部分资本的投资方向主要集中于传统的制造业、服务业项目等，这些项目的特点是风险少，而且是他们所了解熟知的、准备上市的，而对于科技型企业则很少关注。同时，由于一些投资人的投资理念及能力不足，缺乏与国外、国内知名的创业投资管理团队共同合作的长远规划，很难持续健康发展，难以形成规模化、专业化、集团化的发展模式，由此也使创业风险投资机构加快了去风险化、私募股权投资化的倾向。① 而且，在有限合伙组织形态中，创业风险投资机构作为普通合伙人，本来需要承担无限责任，但由于普通合伙人常常是由创业风险投资机构设立的一家公司来担任，因而使得创业风险投资机构的无限责任有限化了，规避了可能的无限责任。

（三）资金来源不足

没有丰富的资金来源，创业风险投资机构再如何看好目标企业也无从投资，风险投资企业具有再大的潜力也无法获得支持，风险投资这个行业也就不能得到真正的发展。实践表明，机构投资者对风险投资的贡献最大。许多国家的风险投资在发展过程中也经历了资金来源渠道狭窄的过程。但后来都开始允许保险基金、养老基金进入风险投资行业，从而丰富了风险投资企业的融资渠道。例如，在美国，1978 年全部风险投资资本中个人和家庭资金占32%；其次是国外资金，占 18%；再次是保险公司资金、年金和大公司产业资金，分别占 16%、15% 和 10%。到了 1988 年，年金比重迅速上升，占全部风险投资资本的 46%；其次是国外资金、捐赠和公共基金以及大公司产业资金，分别占 14%、12% 和 11%；个人和家庭资金占比大幅下降，只有 8%。与美国不同，欧洲国家的风险投资资本主要来源于银行、保险公司和年金，

---

① 武欣博. 我国创业风险投资现状及对策研究 [J]. 现代经济信息，2015 (5).

分别占全部风险投资资本的31%、14%和13%，其中，银行是欧洲风险投资资本最主要的来源，而个人和家庭资金只占到2%。而在日本，风险投资资本主要来源于金融机构和大公司产业资金，分别占36%和37%；其次是国外资金和证券公司资金，各占10%，而个人与家庭资金也只有7%。按投资方式分类，风险投资资本分为直接投资资金和担保资金两类。前者以购买股权的方式进入被投资企业，多为私人资金；而后者以提供融资担保的方式对被投资企业进行扶助，且多为政府资金。

从我国目前已经建立的创业风险投资机构的资金来源看，除外资投资基金外（如太平洋创业投资基金），大部分由政府、商业银行和一些大型国有企业出资，其中政府和商业银行资金占70%，而私人资金、民间资金很少甚至没有。而在西方国家，政府资金仅占到3.3%。尽管目前证券公司、上市公司、民营企业纷纷介入风险投资行业，但是风险投资资本的主要来源是政府财政拨款和银行科技开发贷款，以企业、私人和保险基金等机构为投资主体的投资机构很少。其实，风险投资的最佳资金来源应该是包括保险公司、信托投资公司、养老基金和捐赠基金等在内的机构投资者。这些机构投资者资金实力雄厚，资金来源多为长期资金，正好可以满足风险投资的投资期长、风险高的特点。从目前情况看，机构投资者中最有实力的是养老基金。[1] 另外，虽然存在着大量的民间投资资本，但由于缺少政府支持和激励政策，并且民间投资者的观念也偏好一些风险较小的短期投资，导致风险投资的发展受到了很大的资金限制，大量资金未能进入风险投资行业。

此外，境外资本也是风险投资的重要资金来源。许多全球知名的风险投资企业纷纷看中中国这一大经济实体，并进入中国的风险投资行业。我国自2003年起开始实施由对外贸易经济合作部、科技部、工商总局、国税局和外汇管理局共同制定的《外商投资创业投资企业管理规定》，对鼓励外国投资者来我国从事风险投资以及完善我国风险投资融资渠道起到一定的作用。然而，受限于投资项目、稀缺的高端管理类人才、高要求的设立条件、烦琐的登记程序、严格的备案和审批制度等，外国投资者望而却步。

---

[1] 刘建香. 风险投资的投融资管理及发展机制研究 [M]. 上海：上海交通大学出版社，2012.

(四) 政府对创业风险投资的引导不足

政府引导措施不足，主要表现在如下几方面：第一，创业投资引导基金的覆盖面及规模有待扩大。总体来说，创业投资引导基金的规模相对较小，难以适应发展的需求，限制了政府创业投资机构作用的发挥。第二，政府牵头的天使投资基金严重不足，如果仅依靠以跟投和补助为主的引导基金，则对创业投资资金投向初创企业的引导性较弱。第三，国企投资基金受多重因素的影响，如 IPO 上市公司国有股社保基金转持政策、国有资产保值增值等，对具有高风险、低持股的创业风险投资领域的关注很少，对股权投资基金的兴趣较浓。①

(五) 退出机制不健全

风险投资通过股权投资、准股权投资等方式进入风险投资企业，其目的不是为了取得对该企业的控制权和所有权，而是使风险投资资本获得高额回报。要实现这一目的，必须建立风险投资的退出机制，通过资本退出实现投资的大幅增值。只有顺利地实现了资本退出并获得投资增值，才能进入下一个风险投资的循环。因此，退出是风险投资正常运转的关键环节，风险投资的成功与否最终取决于资本退出的成功与否，因此，没有退出机制，就不可能有真正的风险投资。《创业投资企业管理暂行办法》第二十四条规定："创业投资企业可以通过股权上市转让、股权协议转让、被投资企业回购等途径，实现投资退出。"可见，风险投资资本的退出主要有：首次公开发行股票、兼并与收购、股份回购和清算四种方式，而具体的退出程序及条件则要按照《中华人民共和国公司法》《中华人民共和国证券法》等法律的规定进行。然而，作为获取风险投资收益的关键环节，我国风险投资退出渠道单一，沪、深证券主板市场对上市公司要求较高，创业板门槛也不低，场外产权交易市场不发达，风险投资的退出主要通过回购、协议转让、将股份出售给第三方或风险企业家本人来实施，有时候甚至是清算，可见，我国目前风险投资退出渠道还不畅通，风险投资难于及时获取回报，

---

① 武欣博. 我国创业风险投资现状及对策研究 [J]. 现代经济信息，2015 (5).

这严重制约了风险投资行业的发展。

下面以兼并与收购为例来分析我国的风险投资退出机制。

风险投资通过兼并与收购的方式退出资本，既可能是风险投资企业与其他企业之间的兼并与收购，也可能是由其他风险投资机构购买原始创业风险投资机构所持的风险投资企业股份。实际上，兼并与收购是欧美风险投资退出的主要方式之一。在我国，企业的兼并与收购也已经成为除首次公开发行股票之外的另一条行之有效的资本退出渠道。但很显然，我国尚缺乏对风险投资的兼并与收购作出调整的法律法规。虽然《中华人民共和国公司法》中明确规定了股份有限公司股份转让的交易场所，《中华人民共和国证券法》也对上市公司的兼并与收购活动有了明确的规定，但风险投资的兼并与收购，更多是针对非上市的股份有限公司。而且，我国风险投资的兼并与收购尚不能在全国统一的专门证券交易场所进行，此类兼并与收购主要在各地产权交易所进行，也就是在场外产权交易市场进行。场外产权交易市场（Over－the－Counter，简称OTC），又叫店头市场或者柜台市场，是在集中的证券交易所之外设立的若干专门的企业股权转让市场。场外产权交易市场作为与证券市场平行的资本市场，是我国多层次资本市场的重要组成部分。其主要是为国有、私人、外资及其混合而成的有限责任公司和非公众、非上市股份有限公司的融资与产权流转服务。交易品种繁多，主要包括股权、知识产权、技术产权、金融业产权等企业资产。

通常，场外产权交易市场是风险投资退出机制中企业兼并与收购所采用的一种方式。但是，在我国，风险投资资本要想从场外产权交易市场中把风险投资收回且增值，或由其他企业兼并与收购风险投资企业是相当困难的。究其原因，主要有：

第一，我国产权交易成本过高，目前在场外产权交易市场进行产权交易的成本远远高于股票市场的成本，过高的税费使风险投资资本在投资不理想或失败后退出较为困难。

第二，尽管产权交易形式趋于多样化，但是非证券化的实物型产权交易仍占主导地位，场外产权交易市场并不允许非上市股份有限公司进行股权交易。产权交易的监管滞后，阻碍着统一的场外产权交易市场的形成，使得跨行业、跨地区的产权交易困难重重。

第三，各地或各层级的场外产权交易市场在管理上不统一。我国的场外产权交易市场大约有 200 家，分为中央级京津沪渝联合产权交易机构、省级产权交易机构、地市级产权交易机构三个层次。我国层次多、地域分散的场外产权交易市场在适用的法律规范上不统一。各个产权交易机构根据所属地域的不同，适用的是该地域相关部门颁布的法律规范。如地处深圳市和陕西省的产权交易市场分别适用的是《深圳市国营企业产权转让暂行规定》和《陕西省技术产权交易暂行办法》。这使得产权交易机构的设立条件、组织形式、产权交易时应当具备的要求、产权交易收费标准等都可能因为各地规定的不同而不同。

第四，产权价值评估体系不完善。我国场外产权交易市场由于缺乏对评估机构和评估规则的规范，可能造成被评估资产与实际市场价值的不对应。此外，我国产权交易没有充分利用价格机制的引导，加之信息共享机制的不健全，又为评估体系的缺陷雪上加霜。

第五，监管机制不健全。一方面，产权交易机构使用规范性文件的规定存在缺陷，造成了场外产权交易市场监管机制的不健全；另一方面，在产权交易所的隶属关系上比较混乱，导致监管部门混乱，不利于对场外产权交易市场进行监督和管理。[①]

四、 金融创新服务体制有待改进

(一) 科技担保存在的问题

中国担保行业其规模在经历了 2010—2011 年的快速增长后，2013 年开始增速明显放缓。2014 年末，中国担保行业在保余额 2.74 万亿元，同比增长6.61%，增速下降 12.28 百分点 (见图 5 – 7)。[②]

---

① 赵玉. 论我国有限合伙型股权投资基金的制度结构与完善路径 [J]. 社会科学研究，2010 (6).
② 2016 年我国融资性担保行业运行概况 [EB/OL]. [2016 – 11 – 09]. http: //m. sinotf. com/News/index/id/213563.

（亿元）

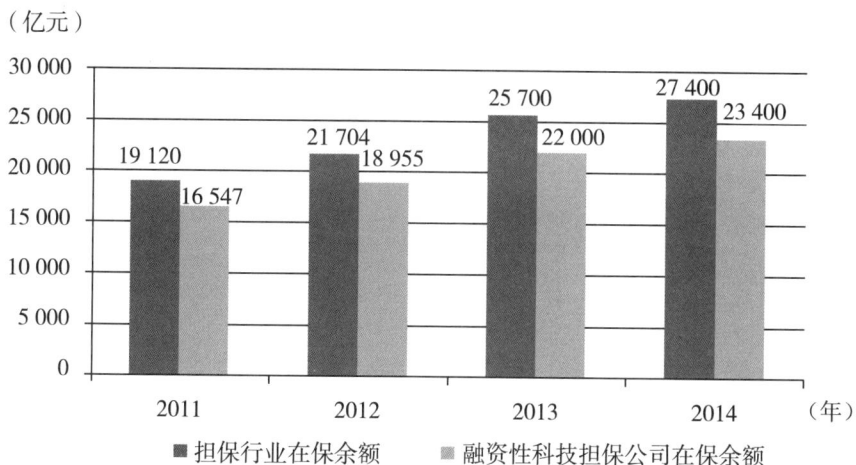

图 5-7 2011—2014 年中国担保行业在保余额

资料来源：《2016 年我国融资性担保行业运行概况》。

整体来看，在中国宏观经济下行压力下，担保行业发展速度明显放缓。科技担保虽然取得一定的发展，但存在较多问题，尤其是近来的经济下行，导致企业（包括科技型中小企业）经营困难、违约情形上升，使得整个担保行业目前深陷困境，科技担保也不能幸免。这突出表现在：一方面科技担保的业务量萎缩；另一方面科技担保机构为科技型企业的代偿率居高不下。据统计，截至 2014 年底，广东省已有至少 50 家融资性科技担保公司摘牌退市，更多的科技担保公司处于歇业状态，以至于整个科技担保行业进入"冬眠期"。[①] 这其中还包括一些担保机构，例如华鼎担保、创富担保等，不注重风险管理，导致风险事件频发，引发社会关注，影响行业整体信誉。总体来看，科技担保存在以下主要问题。

1. 相关法律法规政策不完善

科技担保的发展需要政府扶持，更需要制度先行。从国家层面来看，除了《中华人民共和国担保法》《中华人民共和国科学技术进步法》《中华人民共和国促进科技成果转化法》等宏观指导性法律外，相关部委也制定了旨在引导科技担保机构规范业务、建立健全科技担保机构风险补偿机制、完善科

[①] 洪偌馨，夏心愉. 多重困境之下 更多民营融资担保主动退场 [N].第一财经日报，2014-10-28.

技担保机构税收优惠支持政策、推进科技担保机构与金融机构的互利合作的部门规章，主要包括《融资性担保公司管理暂行办法》《关于加强中小企业信用担保体系建设的意见》《工业和信息化部关于支持引导中小企业信用担保机构加大服务力度缓解中小企业生产经营困难的通知》《关于中小企业信用担保机构有关准备金税前扣除问题的通知》《关于中小企业信用担保机构免征营业税有关问题的通知》《中小企业信用担保资金管理暂行办法》等。从广东省层面来看，先后制定了《关于促进科技和金融结合的实施意见》《科技、金融、产业融合创新发展重点行动》《广东省科技金融支持科技型中小微企业专项行动计划（2013—2015）》《关于科技和金融结合促进创新创业的实施方案》和《广东省科学技术厅 广东省人民政府金融工作办公室关于发展科技股权众筹建设众创空间促进创新创业的意见》等地方法规政策。然而，这些法律法规政策明显滞后于实践的发展，对一些重要事项缺乏规制或者规定过于笼统、原则性太强、缺乏可操作性，例如，担保主体的准入与退出、行业自律与政府监管、财务及内控制度等，一些科技担保实践存在无法可依的困境，制约了我国科技担保的进一步发展。①

2. 科技担保机构进入机制不健全

科技担保行业门槛不高，因而表面上商业性担保机构数量较多，但其发展状态基本上是无序的，除了少数几家商业性担保机构规范经营外，大多数商业性担保机构管理不规范、经营不善、资本水平低。科技担保机构的收入主要来源于受担保企业缴纳的保费收入以及由政府提供的金额相对较少的担保风险补助，对于现存的大多数科技担保机构，由于受自身规模及实力的限制以及担保杠杆作用有限的制约，担保业务量较少，担保业务收入较少；再加上科技担保行业的担保费率较低，担保业务利润较低，导致担保收入和利润无法满足科技担保机构日常经营需要，严重影响了科技担保机构的正常运行和发展。盈利能力不足还促使某些科技担保机构将经营重点转向担保业务之外的投资及委托贷款等非主营业务，甚至进行非法集资、非法放贷等不良活动。这些商业性担保机构因为信用低下而关停倒闭，严重损害了科技担保行业的信用水平，以至于银行很多时候并不认可这些商业性担保机构，这些

---

① 邸云娇，乔宏，刘秀爽，等. 科技型中小企业融资担保体系的建立和完善 [J]. 现代经济信息，2016（4）.

商业性担保机构丧失了融资服务功能。

实际上，担当科技担保任务的还是那些政府财政支持的政策性担保机构。然而，这些科技担保主要实施主体的主要资金来源是政府的财政拨款或资产划入，这些资金来源大都是一次性的，没有后续的资金进入或风险补偿，单单靠这些政策性担保机构的自我盈利来维持发展显然并不现实，因为本身这些政策性担保机构就负有执行政府政策的职能，而非完全意义上的营利性组织，其收取的担保费用也是很低的。不仅如此，根据规定提取赔偿准备金和未到期责任准备金让科技担保机构从事担保的资金减少，稀释了科技担保机构的资本金。

3. 担保风险分配机制不完善

担保风险分配机制对于科技担保的健康发展至关重要。完全由科技担保机构承担贷款责任风险，即由科技担保机构承担全额代偿风险，与科技金融的高风险特征并不相符，必将扼杀科技担保行业发展。

然而，目前尚未形成一个完善的、稳健运行的担保网络体系，没有在制度上形成政府相应的贷款责任风险，银行按照惯例也承担相应的风险，还要建立再担保体系，通过再担保公司为担保公司分担风险。实践中，完全由科技担保机构独自承担了贷款责任风险。根据国际担保行业的惯例，一般科技担保机构要承担 70% ~80% 的贷款责任风险，而参与贷款的商业银行需承担余下的 20% ~30% 的贷款责任风险。但由于科技担保行业的发展相对滞后，相关方面的制度建设尚处于起步阶段，再加上科技担保机构大多规模较小、实力较弱，在与银行议价过程中处于绝对的弱势地位，不少科技担保机构被迫承担高达 100% 的贷款责任风险。科技担保机构所承担的风险与其所获得的收益明显不对等，这严重制约了科技担保行业的持续发展，同时在一定程度上使得银行等金融机构忽视了对相关信贷风险进行必要的评估与防范，导致信贷风险增大，进而进一步加大科技担保机构所承担的贷款责任风险。[①] 因此，由政府独资或者合资设立的科技担保机构，由于国资委增值的考核要求，不敢承担较高风险，在面对需要大力支持的但存在高风险的科技型中小企业时就会比较保守。

---

① 李海峰. 商业银行与担保机构合作的风险控制 ［J］. 中国金融，2011（23）.

4. 担保主体的信息沟通平台不畅

科技担保机构作为科技贷款的金融中介，起着在各主体之间沟通信息的桥梁作用，为中小企业提供外部信用增级，直接解决中小企业和银行间信息不对称的问题。

由于作为基础信用的科技担保机构自身的资本不足，无法为中小企业补足信用，直接导致银行认可度低、信息透明度低、银行和科技担保公司双方信息不对称，部分科技担保公司无银担业务可做。尤其是上下游企业相互担保或母公司为其多个子公司担保，当母公司资金链脆弱时，一旦某个子公司发生问题，资金无法及时抽回，将迅速导致其他子公司的资金链断裂，使整个公司经营陷入瘫痪，导致银行对企业整体经营状况、资产规模、贷款数额、资金流向等真实情况难以作出准确的判断，对贷款的用途也难以实施监控。

另外，由于科技担保机构在信息的获取与处理、专门人才的发掘与培养、专门技术的开发与利用等方面均有优势，可以通过专业化的搜集与处理信息来识别风险、控制风险。科技担保机构本应通过双向匹配信息来缓解银企信息不对称问题。然而，科技担保机构与被担保企业之间也存在着信息不对称问题。因为许多科技型中小企业信息不透明问题仍然突出，科技担保机构对其经营状况、财务信息缺乏了解渠道，无法有效规避担保风险，有些科技担保机构为了有效控制经营风险，对被担保企业提出了极为严格的担保条件，几乎与银行贷款一样，限制了科技担保业务的发展。

5. 科技担保经营能力和模式不足

（1）担保放大倍数不足。

科技担保机构通常以自有资本和自身信用为基础，并通过科技担保杠杆作用的发挥对被担保企业进行信用提升和信用增级。担保放大倍数是科技担保机构的信用能力标志，按照国际惯例，担保机构的担保放大倍数通常约为18，而目前韩国科技担保机构的担保放大倍数约为20，美国高达50，日本更是达到了60。在我国，科技担保公司的平均担保放大倍数大概是2，有的科技担保公司只能以自己的资产全额抵押给银行为科技担保企业贷款，担保能力十分有限。自2008年以来，科技担保机构数量不断增加，科技担保机构的担保放大倍数总体上却呈现不断下降的趋势。据统计，截至2016年6月，融资性科技担保机构平均担保放大倍数仅为1.4，同比下降了13%，远远低于国家有关的担保放大倍数 5~10 的规定，严重影响了科技担保行业的发展。

（2）担保期限过短，品种单一。

目前，融资担保业提供的贷款担保期限从三个月到半年不等，大部分不超过一年；担保基本上只针对流动资金贷款，涉及技术改造或者科技开发之类的贷款的担保非常少。反观国际上大多数国家，科技担保机构均对科技型中小企业提供长期贷款担保，担保期限通常在两年以上，并且提供的担保业务品种也十分丰富，涵盖了科技研发贷款、设备贷款、技术改造贷款、创业贷款等。

（二）科技保险存在的问题

尽管现阶段科技保险试点工作取得了一定的成绩，但由于科技保险试点时间较短，在科技保险发展中仍然存在许多亟须解决的问题。目前最突出的问题主要包括科技型企业参保率低、科技保险公司专业化程度不足、政府支持体系不完善等。

1. 科技型企业参保率低

虽然科技保险能为科技型企业有效分散风险，但科技型企业参保比例仍然很低。造成科技型企业参保积极性不高的主要原因如下：第一，科技保险认知率不高。科技保险认知率不高是目前阻碍科技保险发展的重要因素。科技保险相对于其他险种有其特殊性和复杂性，有关部门对其宣传不到位，大多数科技型企业对科技保险缺乏足够的认识；相关调查研究表明，对于科技保险，约超过 2/3 的企业不知道是什么；同时在从未参保过的企业中，将近 50% 的企业并不了解科技保险，从而导致他们没有参保科技保险。因此，科技保险的创新发展需要科技良好的社会环境，需要提高大众对其的认知率。[①]第二，科技保险费用较高。科技保险由于需要保险公司承担更大的风险，所以保费也比其他传统的商业保险高。而大部分科技型企业仍处于创业期初期，存在资金匮乏、融资困难的问题，出于降低企业运营成本等方面考虑，很多科技型企业不得不放弃科技保险参保。[②]第三，保费补贴低、审批慢。政府补

---

① 段文军. 武汉市科技保险发展问题及其对策分析［J］. 科技创业月刊, 2016（12）.

② 蔡青青. 科技保险支持科技型企业发展的路径与对策研究——以咸宁为例［J］. 中国商论, 2015（27）.

贴力度不够，是科技型企业参保积极性不高的原因之一；同时，在目前补贴审批机制下，从申报到发放的周期可能历时半年至一年，"审批周期长，补贴到位慢"为广大科技型企业所诟病，也成为制约参保积极性的主要原因。[①]

2. 科技保险公司专业化程度不足

第一，科技保险开发积极性不足。一方面，科技保险公司在面对科技保险这一新事物时，对科技风险的认识不足、统计样本积累不够、风险数据积累慢、精算数据匮乏，没有形成开发新的科技保险险种所需的数据资料和科学依据，因而缺乏开发新险种的积极性。而且科技保险公司投入巨大人力、物力、财力所开发的科技保险险种很容易被竞争对手抄袭，这也造成科技保险公司并不是很热衷于新险种的开发，影响了他们开展科技保险研发的积极性。另一方面，公司进行技术创新具有较高的不确定性，会导致科技风险损失发生的几率非常大，从国内天津、重庆等城市的科技保险试点来看，赔付率非常高；[②] 同时，由于高新技术企业产品研发生产、市场推广过程非常专业化，导致科技保险公司无法对高新技术企业的参保风险做出准确分析，参保企业在参保后出现的道德风险和逆向选择迫使承保的科技保险公司提高监督成本和赔付损失。这些都增加了科技保险公司的成本，致使科技保险公司盈利相当有限。长期来看，盈利能力低会影响科技保险公司开展科技保险的积极性，不利于科技保险业务的持续健康发展。

第二，险种设置不够合理。与传统企业相比，科技型企业在发展壮大的过程中面临更多的风险。然而现有的科技保险险种大部分都是在传统企业保险的基础上稍作简单的变化和改进，并未充分考虑科技型企业的特点，缺乏针对性，难以满足科技型企业多方面的需求。在第一批设置的高新技术企业产品研发责任险、关键研发设备保险、营业中断保险、出口信用保险、高管人员及关键研发人员团体健康保险和意外保险"六大科技保险险种"中，仅有高新技术企业产品研发责任险是新开发险种，其余五个险种均是从针对传统企业的传统险种中演化而来的。这体现出科技保险公司对科技型企业缺乏足够认知，险种设置未针对科技型企业面临的特殊风险，难以保障科技型企

① 赵杨，吕文栋. 科技保险试点三年来的现状、问题和对策——基于北京、上海、天津、重庆四个直辖市的调查分析 [J]. 科学决策，2011（12）.
② 戚鹏，辛献杰，郭艳. 我国科技保险发展研究 [J]. 现代经济信息，2015（11）.

业开展创新、研发活动的保险需求。现实情况中，由于科技保险公司缺乏开发新险种的积极性，出口信用保险占去了科技保险的绝大部分份额。

第三，科技保险专业人才匮乏。与传统企业保险险种相比，科技保险对专业保险人才的要求更高，不仅需要具备扎实的保险理论知识和实践经验，而且要对高新技术企业的风险管理有充分的认识。因为他们只有充分了解高新技术企业的风险管理，才能更好地经营甚至是创新科技保险产品。然而，从目前科技保险试点的实践经验来看，既了解保险知识又了解高新技术风险的高端科技保险人才相对匮乏，从而无法满足高新技术企业参保的需求。[①] 此外，科技保险人才的教育培训体系满足不了保险业的发展需求，且短时间内很难培养出足够的科技保险人才。因此，专业人才的缺乏严重制约了科技保险的进一步发展。

3. 政府支持体系不够完善

科技保险作为一种重要的政策性保险，中央及各地方政府相继出台相关政策措施，以促进科技保险的顺利发展，进而促进高新技术企业创新水平的提高。从广东省试点情况来看，很多城市的科技保险财政补贴政策不完善，程序过于复杂，灵活性较差，补贴门槛过高，导致很多企业不能享受到补贴；部分试点地区对企业的补贴率和补贴额明显偏低，支持力度太小，对科技型企业特别是大型科技型企业的科技创新起不到较大的推动作用。另外，为了进一步促进科技保险的发展，国家政府一直呼吁要对参保科技保险的企业进行税收优惠政策，然而财政部、税务部至今仍没有出台关于参保科技保险的相关实施细则，导致这项税收优惠政策没有得到很好的落实。[②]

五、 中小企业征信体系建设滞后

（一）信用立法及执法不足

从法规建设方面看，中小企业信用体系建设需得到征信法规的支持，但是目前我国的信用立法无论是数量还是质量都与市场要求相距甚远。2000 年

---

① 蔡青青. 科技保险支持科技型企业发展的路径与对策研究——以咸宁为例［J］. 中国商论，2015（27）.
② 吕菲菲. 促进我国科技保险发展的策略研究［D］. 济南：山东大学，2015.

· 135 ·

以来,《中华人民共和国中小企业促进法》《中华人民共和国政府信息公开条例》《征信业管理条例》《征信机构管理办法》《企业信息公示暂行条例》等有关促进中小企业发展、企业信用信息公开与公示的法规逐步出台,为中小企业信用体系建设营造了较为完善的立法基础,但在实践中仍存在部分条款操作性不强、职能定位不明确等问题。同时,在征信数据的开放和使用方面也缺少相应的法律法规。另外,法律的不完善使得地方政府及相关部门缺乏对中小企业失信惩戒的动力,加之社会监督体系软弱,一些中小企业的失信行为得不到应有的法律惩罚,不仅引发企业间的类似效仿,形成恶性循环,而且污染了整个社会的信用环境。①

(二)市场运行机制和专业运行机构缺乏

《征信业管理条例》的出台为征信业的发展确立了正确的方向,即有限监管下的市场化方向。中小企业信用体系建设的发展要依靠市场化的运行机制,离不开市场化力量的推动。而目前,在中小企业信用体系建设工作开展中缺少专业运行机构,也没有统一的市场准入、运行和退出机制。中小企业信用体系建设主要靠政府主导与中国人民银行推动,信用信息数据除了从金融机构和政府有关信息部门采集外,更多的是向广大中小企业征集,缺乏专业的信息征集机构。此外,缺乏正规的担保机构、评级机构等市场机构的多方参与,尚未形成通过专业的、市场化的征信机构的经营活动体现信用制度的效应。②

(三)信用信息整合的广度和深度不够

由于企业信息较为分散,涉及工商局、税务局、法院、统计局、技术监督局等多个单位部门,这需要多部门统一协调信用信息的征集与共享。然而,我国部门分割的现象较为严重,各相关单位及部门基于对信息安全和责任等方面的考量,对所拥有的信息采取了相应的保护,导致大部分中小企业信用数据库整合的信息还局限在法律法规要求公开的信息,而纳税信息、社保缴费、公共事业部门缴费等直接反映企业经营状况的信息尚未共享。另外,中

① 蒋耀初. 关于中小企业信用体系建设情况的调查与思考 [J]. 征信, 2010 (1).
② 李春磊, 王颖驰. 关于我国中小企业信用体系若干问题的研究 [J]. 商场现代化, 2016 (4).

小企业信用体系建设开展以来，还没有涉及非传统金融等领域。小额贷款公司、融资性担保机构、民间借贷中心、融资服务中心、P2P 网贷平台等中小型机构掌握的信贷信息数据尚未采集，长期游离于信用体系建设之外。

同时，由于信息量大，收集信息的协调成本较高，在统一协调机制不健全的情况下，政府主导模式下的非盈利部门对信用信息采集工作的积极性不高，也缺乏动力和机制开发针对市场需求的信息增值服务产品。

（四）信用评价标准缺乏统一性和针对性

由于评价指标的选择、指标权重的设定不统一，造成各地对中小企业的信用评价结果通用性较差。中小企业存在财务制度不规范、信息披露机制不健全、缺乏历史经营和财务数据等问题，第三方信用评级机构简单地套用大中型企业的信用评级指标体系，很难形成被金融机构认可的信用评级结果。此外，较高的评级费用降低了中小企业参与信用评级的热情，制约了内外部信用评级相结合的信贷授信模式在中小企业信用体系建设中的推进。①

（五）担保体系的增信能力不足

可供抵押、担保的资产不足一直是困扰中小企业融资的一个重要影响因素。虽然我国担保机构发展较快，但由于县域担保机构资金规模偏小，达不到与银行合作的资格准入条件，担保机构在与金融机构合作方面还存在较多的障碍。同时，担保机构作为一个实体，开展担保业务时也要考虑资金的安全性、流动性和效益性，所选择的企业也往往要具备一定规模和效益，那些规模小、处于成长期的广大中小企业的贷款担保问题依然难以解决。②

（六）信用体系建设成果可推广性和可持续性不强

在为中小企业建立信用档案时，有的地方是依托政府资源逐户采集信息，有的是由中国人民银行采集，有的是引入第三方机构，但有些采集方式是不可复制的。比如逐户采集信息，单靠中国人民银行一家很难做到。此外，中

---

① 任松海. 我国中小企业信用体系建设改进思路及对策［J］. 征信，2016（9）.
② 张翔. 从国际经验比较看我国中小企业信用担保体系发展的路径选择［J］. 金融理论与实践，2011（9）.

小企业信用体系建设没有形成有效的可持续机制。目前，很多地区将信用信息平台建设作为中小企业信用体系建设的核心内容。平台建设之初，相关信息提供部门比较支持，但由于信息提供需增加人力、物力，信息采集更新难以做到及时、准确、完整，平台最终丧失生命力。一些平台建设贪大求全，没有对信息进行有效整合，平台实际成了信息的仓储库，应用效果不理想。

六、 科技金融政策体系不健全

虽然我国已经基本形成了一个科技金融政策体系——财政科技投入政策、科技贷款政策、风险投资政策、科技资本市场政策、科技保险政策、科技担保政策，在科技开发、科技成果转化、高新技术产业发展方面取得了一定成效，但仍然存在一些问题。

（一）科技金融立法位阶低

引领科技金融发展的高位阶的制度主要是《国家中长期科学和技术发展规划纲要（2006—2020 年)》（简称《规划纲要》)。该《规划纲要》只是比较原则性的规定，主要是对相关问题进行引导，并没有规定具体的权利义务。同时，相关的部门还制定了一些相关细则，如银监会的《支持国家重大科技项目政策性金融政策实施细则》，科技部和银监会的《关于进一步加大对科技型中小企业信贷支持的指导意见》等。这些规定也都仅仅是原则性的规定，并且也只是停留在意见指导、规章的层面。广东省的立法和政策虽然具体、可操作性较强，但地方政府的这些法规或政策立法位阶都比较低，没有法律、行政法规的法律位阶，多为部门的文件，法律效力低，没有高的法律权威，同时不能在全国范围内通用。

（二）缺乏科技金融核心目标

现行科技金融政策缺乏科技金融核心目标，导致科技金融政策缺乏合力。战略规划类的政策文件中没有一项提出科技金融核心目标，仅《规划纲要》提出了科技发展的总体目标，但也没有涉及科技金融。同时，直接以科技金融为主题的政策多以意见的形式出现，缺乏法律法规层面的政策，而且涉及的内容主要是进一步完善各项科技金融工具。

（三）各部门缺乏统筹

通过对科技金融的立法或政策进行分析，我们可以发现制定主体繁多，相互交叉，没有形成完备成套的体系。从中央层面讲，没有一部法律，也没有由国务院制定的行政法规，而是由各个组织部门各自制定，例如，财政部、科技部出台的《科技型中小企业创业投资引导基金管理暂行办法》、银监会发布的《支持国家重大科技项目政策性金融政策实施细则》等，这些涉及科技金融的各个方面。《关于支持中小企业技术创新的若干政策》涉及发改委、教育部、科技部等 12 个部门或单位，属于科技贷款类的《关于加强知识产权质押融资与评估管理支持中小企业发展的通知》也涉及财政部、工信部等 6 个部门或单位，其他政策涉及的部门或单位也大多在 2 个或 2 个以上。各个部门制定的规范性文件相互独立，互不依靠，甚至一些法规之间相互矛盾，使得相关立法零散，缺乏整体性，导致各项科技金融政策之间仍然不协调。

（四）科技金融环境不健全

科技金融环境是各项科技金融工具运行的经济、社会、法律、文化等体制、制度和传统环境，主要包括信息披露体系、信用体系、中介服务体系、产权制度、诚信和创新的文化体系、科技担保、科技保险、财政科技投入。优良的科技金融环境能降低科技型企业与金融机构之间信息搜集的成本，有利于解决信息不对称问题，能有效降低科技金融风险，对科技与金融的深度融合起到至关重要的作用。然而，现行科技金融环境政策不健全，导致科技金融的风险过高。国家就科技担保、科技保险、知识产权等已出台一些政策，但是对信息、信用、文化等体系建设出台的政策较少。因此，在政府监督力度不够的情况下，我国科技型中小企业普遍存在财务制度、管理制度、信息披露制度等不健全的问题；在政府提供公共服务力度不够的情况下，我国风险分担机制失衡，信用体系建设落后，担保机制不完善；在政府对文化体系建设不够重视的情况下，我国科技型中小企业往往缺乏诚信意识和契约精神。①

---

① 饶彩霞，唐五湘，周飞跃. 我国科技金融政策的分析与体系构建［J］. 科技管理研究，2013（20）.

七、 科技金融监管机制滞后

(一) 创业风险投资监管不到位

创业风险投资的监管模式主要有：①集中型监管体制。政府通过制定专门的市场管理法规，并设立全国性的监管机构来实现对全国风险投资市场的管理。集中型监管体制的代表是美国，我国的监管模式也采用这种体制。在集中型监管体制下，监管主体又可分为三类：一是以独立监管机构为主体。这一类型的典型代表是美国。美国根据《1934 年证券交易法》，设立了专门的管理机构"证券交易委员会（SEC）"，它由总统任命、参议院批准的五名委员组成，拥有对全国的证券发行机构、证券交易所、投资银行包括风险投资基金在内的投资公司等实施全面管理监督的权力。二是以中央银行为主体。这种类型国家的证券、投资监管机构就是该国中央银行体系的一部分，其代表是巴西。三是以财政部为主体。这类监管体制是指由财政部作为监管主体或完全由财政部直接建立监管机关的制度，其代表是日本、韩国、印度尼西亚等。②自律型监管体制。自律型监管体制的典型代表是英国，此外，荷兰、爱尔兰、芬兰、挪威、瑞典、新加坡、马来西亚、肯尼亚、新西兰和中国香港等国家或地区也实行自律型监管体系。自律型监管体制是指政府除了某些必要的国家立法外，较少干预证券、投资市场，对证券市场和投资行为的监管主要由证券交易所及各类投资协会等组织自律监管。自律型监管组织通过其章程、规则引导和制约其成员行为。自律型监管组织有权拒绝接受某个投资者为会员，并对会员的违章行为实行制裁，直至开除其会籍。在自律型监管体制下，风险投资主要通过证券业理事会、风险投资协会及企业收购和合并问题专门小组等组织进行监管。对风险投资没有单行法律，多以"君子协定"和道义劝告等方式进行管理。

创业风险投资的监管内容主要有：风险投资机构和风险投资基金及基金管理公司的设立审批；创新型企业的标准认证；在创业板市场和场外市场上市改制上网企业标准的资格审查；风险投资机构在投融资活动中遵守法规情况的监督检查；风险投资机构和被投资企业在股权转让活动中的行为规范性监管；对创业板市场和场外市场的恶意串通、破坏市场秩序行为的监管和调查；对上市或上柜创业企业信息披露中弄虚作假行为的监管和惩治；对各类服务于风险投资活动的中介机构有悖职业道德行为的调查和惩处；对风险投资机构、高新技术企业、认证审批机构利用管理控制权以权谋私、损害出资人或公众利益行为的检查和惩治；对因渎职和决策制定造成重大经济损失行为的调查和处理。[①]

在我国，对创业风险投资的监管除了可以适用现行的《中华人民共和国合伙企业法》《中华人民共和国民法总则》《中华人民共和国合同法》等外，《创业投资企业管理暂行办法》要求对创业投资企业进行备案管理。这种备案的监管方式使对创业投资企业的监管与对其的扶持政策紧密结合，对完成备案程序的创业投资企业进行监管，享受政策扶持。为进一步加强监管，《关于加强创业投资企业备案管理严格规范创业投资企业募资行为的通知》对备案创业投资企业的实收资本、投资者人数、最低投资额、高管人员任职条件作出规定。《关于进一步规范试点地区股权投资企业发展和备案管理工作的通知》将自愿备案改为强制备案，该通知覆盖了基金的募集、设立、信息披露、备案和行业自律等程序。《关于豁免国有创业投资机构和国有创业投资引导基金国有股转持义务有关审核问题的通知》则更加明确了创业投资机构申请豁免备案和年检要求等。从行政监管主体来看，我国的风险投资监管机构主要有风险投资主管部门、行业管理部门稽查机构和财政、审计等部门。这就导致一个风险投资项目往往受到多个监管部门的重复监督检查，既浪费监管资源，又影响监管效率。虽然对风险投资进行监管的部门或机构很多，但没有一个部门或机构对风险投资真正进行了全面和完整的监管。例如，风险投资主管部门对风险投资的监管主要针对政府风险投资项目的实施过程，但对风险投资决策过程的稽查难以到位。审计部门主要审计政府风险投资项目的预算执行情况和决算，事后监督是其突出特点。这种多头监管使得各监管部门之间的相互协调性差，责任落实不到位，从而降低了监管的作用。

（二）互联网金融监管存在问题

利用互联网技术和信息通信技术实现资金融通、支付、投资和信息中介

---

① 孙琪，陶学禹．我国风险投资监管体制研究［J］．煤炭经济研究，2004（3）．

服务的互联网金融，既由金融拥抱科技而形成，也由科技延展至金融而产生。互联网金融本质上仍是金融，仍然具有金融风险的隐蔽性、传染性、突发性和较强的负外部性特征。一段时间以来，我国互联网金融迅猛发展的同时伴随着混乱无序，各种伪劣互联网金融带来了跑路、欺诈、倒闭、非法集资等乱象，需要通过制定制度来对其进行规制。据公安部消息，截至 2019 年 2 月，公安机关已依法对 380 多个涉嫌非法集资犯罪的网贷平台立案侦查，据不完全统计，查封、扣押、冻结涉案资产价值约百亿元。为规范行业发展，保护各方当事人合法权益，打击伪劣互联网金融，加强互联网金融的法制指引，我国针对互联网金融制定了相应制度，以法律法规政策来规范互联网金融的发展，涉及 P2P 网络借贷、股权众筹、第三方支付、区块链等互联网金融各个行业。然而，互联网金融仍然存在不少问题：

第一，尚缺乏制度作保障。当前，互联网金融行业的规则绝大部分属于监管部门的部门规章，甚至是内部的政策性文件，尚未上升到法律层面，完整的互联网金融法律体系尚付阙如。这导致如下问题：一是互联网金融一些业态或行为没有受到法律约束；二是监管部门在处理互联网金融不合规行为时缺乏法律依据，难以实施必要惩戒；三是某些监管政策的调整幅度较大，使得互联网金融从业者缺乏稳定预期；四是金融创新与风险防范的矛盾无法有效解决。

第二，协同监管机制不健全。互联网金融各监管部门的协同机制还不完善，导致金融管理部门与地方政府相关部门在互联网金融领域的协作程度较低，合力监管力度不够。互联网金融机构主营业务繁杂，给现有的监管带来了很大的不便，其业务不仅涉及互联网投融资信息中介业务，还在小额贷款、融资担保、股权众筹、第三方支付、互联网保险等多个金融相关领域"跨界"经营，导致现有监管对互联网金融模式的约束力大大减弱。另外，关于互联网金融的立法具有滞后性，制定的新法律很难在短时间内发挥作用，加剧了互联网金融的法律风险。此外，国家金融管理部门驻地方机构与地方政府相关部门之间未在互联网金融领域建立数据交换和信息共享机制，难以从整体上把握互联网金融的风险状况。

第三，安全保障机制欠缺。一方面，互联网金融缺乏有效的担保和监管。目前，P2P 网贷运营平台、股权众筹平台大多将资金托管于第三方支付平台，而商业银行较少涉足资金存管业务。随着交易数额的不断增加，资金数量也在不断加大，容易出现支付风险。另一方面，互联网本身存在资金管理风险，互联网金融模式很重要的一个组成部分是大数据金融，很多互联网金融企业将客户的资金数据存储在互联网云端上，利用互联网云端上的数据处理和数据整合系统对客户的资金数据进行管理。但是，互联网系统的安全密钥管理和加密技术不完善，存在很大的资金安全风险，一旦出现不良状况，将造成交易主体资金的巨大损失，对整个互联网金融模式的客户资金安全造成极大的威胁。

第四，个人信息保护不足。互联网金融在快速发展的同时带来了信息安全的道德风险和逆向选择问题，比如用户个人信息泄露、遭遇钓鱼网站等。一是互联网金融模式没有面对面确认交易双方的身份信息，也无法通过传统的签字盖章形式保护用户的合法权益不受侵害；相反，互联网金融模式提供的是线上的交易确认，交易信息完全通过网络进行传输，存在信息被非法盗取和篡改的风险。二是许多交易平台还未建立完整的信息保护机制，互联网金融企业将用户的个人信息和资金信息完全存储在互联网云端上进行集中管理，这对互联网的安全防范机制和企业的内部管理机制提出了更高的要求。目前，许多电脑黑客等犯罪分子将目光聚集在互联网云端的客户信息上，这也大大加剧了互联网金融的信息安全风险。

第五，信用支撑体系滞后。从征信中介看，目前企业征信机构开展互联网征信业务的不多，而个人互联网征信业务还处于探索阶段。设立的征信机构主要从事线下业务，较少与互联网金融从业机构合作，难以提供适应互联网金融需求的征信服务。从信息来源看，与互联网金融相关的信用信息分散且标准各异。互联网金融领域的信用信息主要来源于中国人民银行、地方政府以及互联网商业企业、互联网金融从业机构等多个主体。这些信用信息的采集标准差异较大、格式不统一，与互联网金融开发、共享的特征不相适应。

第六，互联网金融产品广告违规。目前多数互联网金融产品在宣传过程中都存在着过度宣传的问题，如使用不恰当的广告宣传语，过度强调产品的高收益而对产品的风险问题避而不谈。部分互联网公司甚至为了抢占市场、吸引用户，一方面标榜自身产品的收益高于对手，另一方面用"收益倒贴"的方式进行恶意竞争，即产品的真实收益可能达不到其承诺的投资收益率，但剩余部分由互联网公司倒贴给用户，这种方式显然为互联网金融产品带来了系统性风险，也扭曲了互联网金融产品在公众眼中的真实形象。

第七，监管措施不科学。为防范金融风险，监管部门不仅需要理顺监管体制，还需要针对互联网金融业态的复杂化，采取科学合理的监管措施。例如，在P2P网贷监管方面，互金整治办、网贷整治办于2018年12月19日联合发布了《关于做好网贷机构分类处置和风险防范工作的意见》，其中强调坚持以机构退出为主要工作方向，除部分严格合规的在营机构外，其余机构能退尽退，应关尽关。自2016年开始的P2P网贷整治，到现在已进入合规检查和验收备案的关键时期，可以认为，未来P2P网贷监管思路是以机构退出为主要目标，要求僵尸类机构、在营规模较小机构、在营高风险机构等实现无风险或良性退出。对于其他正常运营机构，则是清理其违法违规业务，不留风险隐患。当然，这就需要完善互联网金融市场退出机制，防范金融风险，保护各方当事人的合法利益。又如，在互联网金融投资者保护方面，应当进一步确立"卖者有责、买者自负"的投资者保护理念，倡导市场主体的意思自治，减少监管部门对投资者的"父爱式"保护，摆正金融投资者保护的位置，不培养"巨婴式"投资者。监管部门应关注投资者的异质性，细化个人投资者分类，依不同保护需求提供差异化保护。再如，在区块链监管方面，应当认识到，除了虚拟代币，区块链技术还有很多的应用场景，例如防伪溯源、预测市场、加密通信、物联网、数据存储、智能风险控制等。为了抢占金融发展制高点，许多国家或地区都认识到扶持区块链金融科技发展的重要性。北京市2018年11月发布的《北京市促进金融科技发展规划（2018年—2022年)》鼓励金融科技底层技术创新和应用，包括以云计算、区块链为代表的分布式技术发展。因此，监管部门在区块链监管中还需要注重扶持区块链的发展，在财政投入、项目奖励、人才引进、金融支持、物业支持、孵化帮助、资源对接、产学研结合、人才培养等方面提供支持。

第六章 金融支持创新型中小企业成长的实证检验

本章主要采用实证分析的研究方法，分析融资规模和融资结构对创新型中小企业成长性的影响。本章将企业的成长性概括为托宾 Q 值，采用相关分析、面板数据回归的统计方法，对相关指标进行分析。

第一节 研究设计

一、样本选择与数据来源

本章以 2011—2017 年在创业板上市的科技创新型中小企业为研究样本，依据以下标准对原始样本进行了筛选：①剔除农林牧渔、仓储、文化艺术等非科技创新型中小企业；②剔除没有披露本章研究相关数据的企业，以保证数据的连续性；③剔除 2011—2017 年被 ST（退市风险警告）、PT（特别转让）的公司，以避免异常值的影响。最终确定 251 家企业，共计 1 506 个有效观测值的面板数据。衡量企业成长性的托宾 Q 值所需计算数据、控制变量所需企业特征及财务数据等来自国泰安数据库（CSMAR）、万德（Wind）数据库，缺失的部分数据根据巨潮资讯网发布的企业年报信息，通过手工摘录并统计整理得出。

二、 变量的选取

（一）被解释变量：企业成长性

用评价组织绩效的方法评价企业的成长性，考虑到研究样本对象为上市企业，所以选取股票市值绩效反映未来的组织绩效。托宾 Q 值是一个反映上市公司股票市值绩效的综合性指标，也被广泛选取为企业成长性的替代变量。

（二）解释变量：资本市场融资

为了考察不同规模和结构的资本市场融资方式对科技创新型中小企业成长性的影响，本章在选用资本市场融资率作为规模量化指标的同时，还选择银行信贷融资率、债券融资率、股票融资率、票据融资率等作为融资结构的衡量指标。其中，银行信贷融资率细分为短期银行信贷融资率和中长期银行信贷融资率。

（三）控制变量：公司规模、成长性

对于控制变量的选取，我们借鉴现有研究文献，考虑创业板企业的特征，选取对科技创新型中小企业成长产生影响的非政策性和非技术性因素作为本章的控制变量，包括企业规模、资本结构、盈利能力、股本扩张能力、基础创新能力 5 个指标（见表 6 - 1）。

表 6 - 1　变量定义

变量类型	变量名称	计算方式	符号
被解释变量	企业成长性	托宾 Q 值	y
解释变量	短期银行信贷融资率	短期银行信贷融资额/融资总额	x_1
	中长期银行信贷融资率	中长期银行信贷融资额/融资总额	x_2
	票据融资率	票据融资额/融资总额	x_3
	债券融资率	债券融资额/融资总额	x_4
	股票融资率	股票融资额/融资总额	x_5
	资本市场融资率	资本市场融资额/融资总额	x

（续上表）

变量类型	变量名称	计算方式	符号
控制变量	企业规模	企业总资产取对数	z_1
	资本结构	负债/总资产	z_2
	盈利能力	（利润总额＋财务费用）/平均资产总额	z_3
	股本扩张能力	每股盈余公积金	z_4
	基础创新能力	无形资产	z_5

注：资本市场融资总额＝短期银行信贷融资额＋中长期银行信贷融资额＋票据融资额＋债券融资额＋股票融资额

三、 模型构建

基于采集的数据进行相关指标的选定和变量的设计，确定实证的分析模型，并对模型的估计方法和步骤进行详细的阐述。

（一）相关分析

相关分析是研究两个或两个以上处于同等地位的随机变量间的相关关系的统计分析方法，如果两个变量都是连续测量的变量，则采用积差相关；如果两个变量是非连续性的离散的等级变量，或者两者虽然是连续变量，但是只想知道两者在等级上的相关性，则采用等级相关。本章主要探讨的变量都是连续测量的变量，因此，主要采用积差相关的统计分析方法。相关统计分析需要进行显著性检验，提出如下假设：

$$H_0：总体的相关系数 \rho = 0$$
$$H_1：总体的相关系数 \rho \neq 0$$

显著性水平为 $\alpha = 0.05$，如果检验值 $\rho < \alpha$，则拒绝原假设，认为相关性显著；反之，认为相关性不显著。

（二）面板数据回归模型

1. 面板数据定义

面板数据是指在时间序列上取多个截面，在这些截面同时选取样本观测值所构成的样本数据。面板数据从横截面看，是由若干个体在某一时刻构成的截面观测值，从纵剖面看是一个时间序列。

面板数据用双下标变量 y_{it} 表示，其中，$i = 1, 2, \cdots, N$；$t = 1, 2, \cdots, T$。N 表示面板数据中含有 N 个个体，T 表示时间序列的最大长度。本章中的 $N = 251$，$T = 6$。

2. 面板数据模型

设被解释变量 y_{it} 为在横截面 i 和时间 t 上的数值，x_{jit} 为第 j 个解释变量在横截面 i 和时间 t 上的数值，u_{it} 为横截面 i 和时间 t 上的随机误差项；b_{ij} 为横截面 i 上的第 j 个解释变量的模型参数；a_i 为常数项或截距项，代表横截面 i（第 i 个个体的影响）；解释变量数为 $j = 1, 2, \cdots, k$；截面数为 $i = 1, 2, \cdots, N$；时间长度为 $t = 1, 2, \cdots, T$。其中，N 表示个体截面成员的个数，T 表示每个截面成员的观测时期总数，k 表示解释变量的个数。则单方程面板数据模型一般形式可写成：

$$y_{it} = a_i + x_{it} b_i + u_{it}, \quad i = 1, \cdots, N; \quad t = 1, \cdots, T$$

其中，$x_{it} = (x_{1it}, x_{2it}, \cdots, x_{kit})$ 为解释变量，$b_i = (b_{1j}, b_{2j}, \cdots, b_{kj})^1$ 为系数向量，u_{it} 为随机误差项。

3. 面板数据模型类型

面板数据模型共有三种类型。第一种是混合回归模型估计，$a_i = a_j = a$，$b_i = b_j = b$，这意味着模型在横截面上无个体影响、无结构变化，可将模型简单地视为横截面数据堆积的模型。这种模型与一般的回归模型无本质区别。第二种是个体固定效应模型估计，$a_i \neq a_j$，$b_i = b_j = b$，这种情形意味着模型在横截面上存在个体影响，不存在结构性变化，即解释变量的结构参数在不同横截面上是相同的，不同的只是截距项，个体影响可以用截距项 a_i 的差别来说明，故通常把它称为个体固定效应模型。第三种是随机效应面板数据模型估计，$a_i \neq a_j$，$b_i \neq b_j$，这意味着模型在横截面上存在个体影响，又存在结构变化，即在允许个体影响由变化的截距项 a_i 来说明的同时，还允许系数向量 b_i 依个体成员的不同而变化，用以说明个体成员之间的结构变化。该模型为随机效应面板数据模型。

4. 模型形式设定检验

建立面板数据模型首先要检验被解释变量 y_{it} 的参数 a_i 和 b_i 是否相对所有个体样本点和时间都是常数，即检验样本数据究竟属于上述三种类型的哪一种类型，从而避免模型设定的偏差，改进参数估计的有效性。主要检验如下两个假设：

$$H_1: \ b_1 = b_2 = \cdots = b_N$$

$$H_2: \ a_1 = a_2 = \cdots = a_N, \ b_1 = b_2 = \cdots = b_N$$

如果接受假设 H_2，则可以认为样本数据符合不变截距、不变系数模型。如果拒绝假设 H_2，则需检验假设 H_1。如果接受 H_1，则认为样本数据符合变截距、不变系数模型；反之，则认为样本数据符合变系数模型。

本章检验的方式为 F 检验，也称为联合假设检验，它是一种在原假设之下，统计值服从 F 分布的检验。F 检验的计算过程如下：

$$X = \{x_1, \ x_2, \ \cdots, \ x_n\}, \ Y = \{y_1, \ y_2, \ \cdots, \ y_m\}$$

为两个服从正态分布的独立时间序列，则两个序列的均值为：

$$\overline{X} = \frac{1}{n} \sum_{i-1}^{n} x_i, \ \overline{Y} = \frac{1}{m} \sum_{j-1}^{m} y_j$$

两个序列的方差为：

$$S_x^2 = \frac{1}{n-1} \sum_{i-1}^{n} (x_i - \overline{X})^2, \ S_y^2 = \frac{1}{m-1} \sum_{j-1}^{m} (y_j - \overline{Y})^2$$

那么 $F(n-1, m-1)$ 分布的计算公式为：

$$F(n-1, m-1) = \frac{S_x^2}{S_y^2}$$

模型选择的假设检验的 F 统计量的计算具体方法是：令求得的随机效应面板数据模型的残差平方和为 S_1，个体固定效应模型的残差平方和为 S_2，混合回归模型的残差平方和为 S_3，所以，在假设 H_2 下检验统计量 F_2 服从相应的自由度下的 F 分布，即

$$F_2 = \frac{(S_3 - S_1) / [(N-1)(k+1)]}{S_1 / [NT - N(k+1)]} \sim F[(N-1)(k+1), N(T-k-1)]$$

如果 F_2 统计量的值小于给定显著性水平的相应临界值，也就是 $F_2 < F_\alpha$，则接受 H_2，认为样本数据符合混合回归模型，否则，检验假设 H_1，即

$$F_1 = \frac{(S_2 - S_2) / [(N-1)k]}{S_1 / [NT - N(k+1)]} \sim F[(N-1)k, N(T-k-1)]$$

同理，如果 $F_1 < F_\alpha$，则接受假设 H_1，认为样本数据符合个体固定效应模型，反之，说明样本数据符合随机效应面板数据模型。

5. 稳健性检验

稳健性检验考察的是评价方法和指标解释能力的强壮性，也就是当改变某些参数时，评价方法和指标是否仍然对评价结果保持一个比较一致、稳定的解释。即通过改变某个特定的参数，进行重复的实验，来观察实证结果是否随着参数设定的改变而发生变化。本章主要采取的方法是用变量主营业务收入增长率替换托宾 Q 值作为企业的成长性指标，检验结果是否依然显著。

第二节　融资规模对创新型中小企业成长性影响的实证分析

以下通过 R 软件对数据进行回归分析，按照模型设定将企业的成长性指标托宾 Q 值（y）对融资规模的评价指标资本市场融资率（x）以及 5 个控制变量作回归分析，以探讨融资规模对企业成长性的影响。

一、描述性统计

变量的描述性统计如表 6 - 2 所示，由此可知企业成长性的评价指标中托宾 Q 值的最大值和最小值相差较大，即极差较大，说明企业成长性差异较大。融资规模的评价指标方面，资本市场融资率的极差也较大，说明企业的融资情况相差也较大。

表 6 - 2　变量的描述性统计

变量	均值	最大值	最小值
企业成长性	3.308	24.941	0.482
融资规模	0.529	1.928	0.080
企业规模	21.290	24.540	19.560
资本结构	0.280	0.843	0.011
盈利能力	0.063	0.417	-0.454
股本扩张能力	0.151	0.909	0.002
基础创新能力	17.728	23.756	9.684

二、融资规模和企业成长性的相关分析

融资规模和企业成长性的相关分析及相关分析显著性检验如表 6 - 3 和表 6 - 4 所示，由此可知企业的融资规模和企业成长性有显著的弱负相关关系，相关系数为 - 0.13。企业规模和资本结构与企业成长性有显著的弱负相关关系，盈利能力与企业成长性有显著的弱正相关关系；股本扩张能力和基础创

新能力与企业成长性没有显著的相关关系。

表 6-3 融资规模和企业成长性的相关分析

	x	z_1	z_2	z_3	z_4	z_5	y
x	1.00	−0.38	−0.20	−0.33	−0.03	−0.07	−0.13
z_1	−0.38	1.00	0.52	0.06	−0.09	0.39	−0.24
z_2	−0.20	0.52	1.00	−0.09	−0.25	0.20	−0.23
z_3	−0.33	0.06	−0.09	1.00	0.25	−0.09	0.24
z_4	0.03	−0.09	−0.25	0.25	1.00	−0.08	0
z_5	−0.07	0.39	0.20	−0.09	−0.08	1.00	−0.03
y	−0.13	−0.24	−0.23	0.24	0	−0.03	1.00

表 6-4 相关分析显著性检验

	x	z_1	z_2	z_3	z_4	z_5	y
x	0	0	0	0	0.82	0.06	0
z_1	0	0	0	0.07	0.01	0	0
z_2	0	0	0	0.07	0.01	0	0
z_3	0	0.02	0	0.07	0.01	0.01	0
z_4	0.28	0	0	0.07	0.01	0.02	0.86
z_5	0.01	0	0	0.07	0.01	0	0.82
y	0	0	0	0.07	0.86	0.27	0

三、 融资规模和企业成长性的面板数据回归

为了进一步探讨融资规模和企业成长性的关系，采用了面板数据回归模型，面板数据回归有三种不同的回归模型，因此首先需要确定本章探讨的样本数据更适合用哪种分析模型，即根据面板数据回归模型设定检验，对三种模型进行 F 检验，根据检验的结果选择适合的模型。

首先，假设 H_2 下检验统计量 F_2 服从相应的自由度下的 F 分布，也就是检验混合回归模型对个体固定效应模型，零假设为混合回归模型，结果如表 6-5 所示：

表 6 – 5　F 检验混合回归模型对个体固定效应模型

F Test for Individual Effects
Data：form
$F = 2.184\ 4$，$df1 = -249$，$df2 = 1\ 491$，$p - value = NA$
Alternative hypothesis：significant effects
Warning message：
In pf（$stst$，$df1$，$df2$，lower，tail – FALSE）：产生了 NaNs

由表 6 – 5 可知 p 值远远大于可接收过错的边界程度值 0.05，因此，拒绝 H_2，认为样本数据不符合混合回归模型。

基于表 6 – 5 的结果，要继续检验假设 H_1 下检验统计量 F_2 服从相应的自由度下的 F 分布，也就是检验个体固定效应模型对随机效应面板数据模型，零假设为个体固定效应模型，结果如表 6 – 6 所示：

表 6 – 6　F 检验个体固定效应模型对随机效应面板数据模型

Hausman Test
Data：form
chisq = 128.65，$df = 6$，$p - value < 2.2e - 16$
Alternative hypothesis：one model is inconsistent

由表 6 – 6，可知 p 值远远小于 0.05，因此，可接受 H_1 的假设，认为样本数据符合个体固定效应模型。

根据以上的探讨结论，本章的数据样本适合采用个体固定效应模型，下面是根据模型回归得出的结果（见表 6 – 7）。

表 6 – 7　融资规模对企业成长性影响的回归结果

Coefficients				
	Estimate	Std. Error	$t - value$	Pr（$> |t|$）	
x	– 1.991 8	0.600 6	– 3.316 3	0.000 9	***
z_1	– 0.934 1	0.182 8	– 5.110 5	3.717e – 07	***
z_2	2.664 1	0.672 0	3.964 5	7.775e – 05	***

（续上表）

	Coefficients				
	Estimate	Std. Error	$t - value$	$Pr\ (\ >\ \|t\|\ )$	
z_3	5.869 9	1.262 2	4.690 7	3.661e – 05	***
z_4	– 3.973 0	1.043 2	– 3.808 5	0.000 1	***
z_5	0.134 6	0.085 1	1.582 4	0.113 8	***
	...				
Signif. Codes：0 ' *** ' 0.001 ' ** ' 0.01 ' * ' 0.05 ' . ' 0.1 ' '					

由表 6 – 7 可知，回归函数为：

$$y = -1.99x - 0.93z_1 + 2.66z_2 + 5.86z_3 - 3.97z_4 + 0.13z_5 + \mu_i$$

其中，μ_i 为函数的截距。从回归结果可知，融资规模的系数为 – 1.99，并且显著性强，也就是资本市场融资率每增长 1 百分点，托宾 Q 值就下降 1.99 百分点，可见总体资本市场融资率对企业成长性起一定的阻碍作用。另外，作为控制变量的企业规模、资本结构、盈利能力、股本扩张能力也对企业成长性有显著影响，其中资本结构和盈利能力对企业成长性有促进作用，盈利能力对企业成长性的影响是最大的，回归系数为 5.86，即盈利能力每上升 1 百分点，企业成长性就增加 5.86 百分点；企业规模和股本扩张能力对企业成长性有一定的阻碍作用，而股本扩张能力的阻碍作用是最大的，回归系数为 – 3.97，即股本扩张能力每上升 1 百分点，那么企业成长性就下降 3.97 百分点。因此，要严格控制企业的融资规模，通过采取相应措施提升企业的盈利能力和控制企业的股本扩张能力，使企业具有更好的成长性。

四、 稳健性检验

将主营业务收入增长率（y_1）替换托宾 Q 值（y）作为体现企业成长性的指标，探讨融资规模（x）和企业成长性的关系，对变量再次进行回归分析，查看相关关系是否依然显著，检验以上模型的稳健性（见表 6 – 8）。

表 6 – 8　融资规模对企业成长性影响回归的稳健性检验结果

	Estimate	Std. Error	t – value	Pr（$>|t|$）	
x	– 0. 779 6	0. 150 0	– 5. 197 6	2. 357e – 07	***
…					
Signif. Codes： 0 '***' 0.001 '**' 0.01 '*' 0.05 '.' 0.1 ' '					

由表 6 – 8 可知，将主营业务收入增长率替换托宾 Q 值作为企业成长性的变量后，采用相同的模型对融资规模和企业成长性进行回归分析，得知两者的关系和前面的结论一样，呈显著的负相关关系，说明企业的整体融资规模对企业成长性的支持效应严重弱化。

第三节　融资结构对创新型中小企业成长性影响的实证分析

前文主要探讨了总体的融资规模对企业成长性的影响，以下将探讨不同的融资结构对创新型企业成长性的影响。作为解释变量的是短期银行信贷融资率（x_1）、中长期银行信贷融资率（x_2）、票据融资率（x_3）、债券融资率（x_4）和股票融资率（x_5），依然是将托宾 Q 值作为被解释变量，将以上的变量和 5 个控制变量做相关分析和回归分析。

一、　描述性统计

解释变量的描述性统计如表 6 – 9 所示，由此可知 5 个控制变量中融资率均值最高的是股票融资率，最低的是债券融资率，说明科技创新型企业更趋向于选择股票融资的方式进行融资。

表 6 – 9　解释变量的描述性统计

解释变量	均值	最大值	最小值
短期银行信贷融资率	0. 068	0. 607	0
中长期银行信贷融资率	0. 016	0. 292	0

（续上表）

解释变量	均值	最大值	最小值
票据融资率	0.022	0.306	0
债券融资率	0.005	0.226	0
股票融资率	0.417	1.736	0.023

二、 融资结构和企业成长性的相关分析

自变量与被解释变量的相关矩阵如表 6-10 所示，这是将被解释变量与解释变量作为 Pearson 相关分析的结果，可知短期银行信贷融资率、中长期银行信贷融资率、票据融资率、债券融资率与托宾 Q 值都成弱负相关关系，股票融资率与托宾 Q 值成弱正相关关系。其中，短期银行信贷融资率、中长期银行信贷融资率和票据融资率与企业成长性的负相关关系系数较大，说明这几种融资方式对企业成长性的阻碍较大，股票融资是相对于其他融资方式较好的，对企业成长性有一定的促进作用。控制变量中的盈利能力与企业成长性成正相关关系，说明这个变量对企业的成长有一定的促进作用。

表 6-10 自变量与被解释变量的相关矩阵

	z_1	z_2	z_3	z_4	z_5	x_1	x_2	x_3	x_4	x_5	y
z_1	1.00	0.52	0.06	-0.09	0.64	0.29	0.30	0.20	0.23	-0.58	-0.24
z_2	0.52	1.00	-0.09	-0.25	0.31	0.70	0.44	0.41	0.25	-0.69	-0.23
z_3	0.06	-0.09	1.00	0.25	-0.70	-0.11	-0.07	-0.06	0.03	-0.20	0.24
z_4	-0.09	-0.25	0.25	1.00	-0.08	-0.23	-0.15	-0.05	-0.08	0.18	0
z_5	0.64	0.31	-0.07	-0.08	1.00	0.22	0.22	0.12	0.18	-0.35	-0.19
x_1	0.29	0.70	-0.11	-0.23	0.22	1.00	0.22	0.15	-0.07	-0.44	-0.24
x_2	0.30	0.44	-0.07	-0.15	0.22	0.22	1.00	0.05	0.12	-0.32	-0.15
x_3	0.20	0.41	-0.06	-0.05	0.12	0.15	0.05	1.00	0.01	-0.27	-0.19
x_4	0.23	0.25	0.03	-0.08	0.18	0.07	0.12	0.01	1.00	-0.20	-0.08
x_5	-0.58	-0.69	-0.20	0.18	-0.35	-0.44	-0.32	-0.27	-0.20	1.00	0.08
y	-0.24	-0.23	0.24	0	-0.19	-0.24	-0.15	-0.19	-0.08	0.08	1.00

相关系数显著性检验如表 6-11 所示，由此可知 y 与 x_1、x_2、x_3、x_4、x_5 的相关系数显著性检验的 p 值分别为 0、0、0、0.01、0.01、0，以上的 p 值均小于 0.05，因此，可认为 y 与 x_1、x_2、x_3、x_4、x_5 的相关系数是显著的。

表 6-11　相关系数显著性检验

	z_1	z_2	z_3	z_4	z_5	x_1	x_2	x_3	x_4	x_5	y
z_1	0	0	0.14	0.01	0	0	0	0	0	0	0
z_2	0	0	0	0	0	0	0	0	0	0	0
z_3	0	0	0	0	0.05	0	0.08	0.14	0.63	0	0
z_4	0	0	0	0	0.02	0	0	0.20	0.02	0	1.00
z_5	0	0	0.01	0	0	0	0	0	0	0	0
x_1	0	0	0	0	0	0	0	0	0.04	0	0
x_2	0	0	0.01	0	0	0	0	0.20	0	0	0
x_3	0	0	0.02	0.04	0	0	0.05	0	1.00	0	0
x_4	0	0	0.21	0	0	0	0	0.81	0	0	0.03
x_5	0	0	0	0	0	0	0	0	0	0	0.03
y	0	0	0	0.87	0	0	0	0	0	0	0

三、　融资结构和企业成长性的面板数据回归

为了进一步探讨融资规模和创新型企业成长性的关系，将企业成长性分别和 5 个解释变量以及 5 个控制变量进行面板数据回归分析。首先，假设 H_2 下检验统计量 F_2 服从相应的自由度下的 F 分布，也就是检验混合回归模型对个体固定效应模型，零假设为混合回归模型。如果拒绝了 H_2 的假设，那么要继续检验假设 H_1 下检验统计量 F_2 服从相应的自由度下的 F 分布，也就是检验个体固定效应模型对随机效应面板数据模型，零假设为个体固定效应模型。根据前面的模型探讨可知，样本数据在横截面上有个体影响、无结构变化，因此可推断本章使用的样本数据在横截面上都会存在个体影响。然后，只需检验假设 H_1 下检验统计量 F_2 服从相应的自由度下的 F 分布的结果，根据以上的结果选取适当的面板数据模型。

首先，假设 H_2 下检验统计量 F_2 服从相应的自由度下的 F 分布，即检验混合回归模型对个体固定效应模型，零假设为混合回归模型，结果如表 6-12、表 6-13 所示：

表 6-12　F 检验混合回归模型对个体固定效应模型

F Test for Individual Effects
Data：form
$F = 2.133\ 2$，$df1 = -249$，$df2 = 1\ 487$，$p-value = NA$
Alternative hypothesis：significant effects
Warning message：
In pf（$stst$，$df1$，$df2$，lower，tail $-$ FALSE）：产生了 NaNs

由表 6-12 可知 p 值远远大于可接收过错的边界程度值 0.05，因此，拒绝 H_2，认为样本数据不符合混合回归模型。

表 6-13　F 检验个体固定效应模型对随机效应面板数据模型

Hausman Test
Data：form
chisq = 160.82，$df = 10$，$p-value < 2.2e-16$
Alternative hypothesis：one model is inconsistent

由表 6-13，可知 p 值远远小于 0.05，因此，可接受 H_1 的假设，认为样本数据符合个体固定效应模型。根据以上的探讨，可知融资结构对企业成长性研究应该使用个体固定效应模型。模型得出的结果如表 6-14 所示：

表 6-14　融资结构对企业成长性影响的回归结果

	Estimate	Std. Error	$t-value$	Pr（$>|t|$）	
x_1	$-4.991\ 9$	1.408 8	$-3.556\ 0$	0.000 4	***
x_2	$-5.823\ 1$	2.210 6	$-2.634\ 1$	0.008 5	**

（续上表）

	Estimate	Std. Error	t – value	$Pr\ (>|t|)$	
x_3	– 4.421 1	2.665 0	– 1.669 0	0.097 4	*
x_4	– 8.520 8	2.701 8	– 3.163 8	0.001 7	**
x_5	– 0.469 8	0.666 2	– 0.705 2	0.480 8	
z_1	– 0.807 6	0.169 6	– 4.761 4	2.149e – 06	***
z_2	4.949 0	0.997 1	4.963 5	7.890e – 07	***
z_3	6.388 6	1.238 2	5.168 0	2.678e – 07	***
z_4	– 3.966 2	1.025 2	– 3.868 6	0.000 1	***
z_5	0.369 9	0.056 9	6.507 7	1.105e – 10	***
…					
Signif. Codes： 0 ‘ *** ’ 0.001 ‘ ** ’ 0.01 ‘ * ’ 0.05 ‘ . ’ 0.1 ‘ ’					

表 6 – 14 是融资结构对企业成长性影响的回归结果。就解释变量而言，可看出短期银行信贷融资率、中长期银行信贷融资率、票据融资率和债券融资率显著地与企业成长性负相关，而股票融资率则与企业成长性关系不明确。就控制变量而言，企业规模和股本扩张能力对企业成长性有一定的阻碍作用，资本结构、盈利能力和基础创新能力对企业成长性有一定的促进作用。

由于股票融资率与企业成长性关系不明确。下面进一步探讨股票融资率与企业成长性的关系。由于股票融资率显著和控制变量企业规模、资本结构与基础创新能力有强相关关系（注：相关系数 >0.3 的相关关系称为强相关）。因此，股票融资率对企业成长性的影响不选取控制变量作为自变量进行回归分析，只单独研究股票融资率和企业成长性的回归，结果如表6 – 15所示：

表 6 – 15　股票融资率对企业成长性影响的回归结果

	Estimate	Std. Error	t – value	$Pr\ (>|t|)$	
（Intercept）	2.907 9	0.147 1	19.771 8	<2e – 16	***
x_5	0.959 8	0.321 6	2.994 2	0.002 9	***
…					
Signif. Codes： 0 ‘ *** ’ 0.001 ‘ ** ’ 0.01 ‘ * ’ 0.05 ‘ . ’ 0.1 ‘ ’					

由表 6 - 15 可知股票融资率和企业成长性呈强正相关关系，因此，当单独研究股票融资方式与企业成长性的关系时，可以得出股票融资方式对企业成长性有正面影响的结论。

第四节　实证结论

以 2011—2017 年在创业板上市的科技创新型中小企业为研究样本，本章从融资规模和融资结构两个维度实证分析了金融整体上对科技创新型中小企业成长性的影响以及不同期限、不同方式的融资对科技创新型中小企业成长性影响的异质性。研究结果表明：

（1）从融资规模来看，融资规模总体上对科技创新型中小企业成长的支持效应弱化，并存在着结构性失衡。

（2）从融资期限来看，短期银行信贷融资率、中长期银行信贷融资率与科技创新型中小企业成长性显著负相关。

（3）从融资方式来看，科技创新型中小企业更趋向于选择股票融资方式进行融资，股票融资方式对科技创新型中小企业成长的推动作用也是显著的；而银行信贷融资、票据融资和债券融资对科技创新型中小企业成长的影响显著负相关。这表明这些融资方式对科技创新型中小企业成长的支持效应不但是弱化的，而且一定程度上加大了科技创新型中小企业融资成本，阻碍了科技创新型中小企业的成长。

因此，基于以上研究结论，尽快建立健全适应我国科技创新型中小企业发展的金融支持体系和制度安排成为亟待解决的问题。

第七章　金融支持创新型中小企业发展制度设计的总体构想

制度具有激励、保障、促进和规范等功能。制度通过对科技金融中的各种利益关系以及各类主体的行为进行确认、引导、调节、制约、救济等，使科技金融得以安全有效地运行。

第一节　制度保障的重要性及其价值取向

一、　制度保障的重要性

（一）　制度推动科技金融的机制创新

金融是任何一个国家或地区都不敢忽视并放任其自生自灭的领域。实际上，整个金融体制都建立在制度上，受到制度的监管。即便是在崇尚市场经济自由的美国，也都制定了各类制度来监管金融。2008 年美国次贷危机之后，制度就成为各国抗击国际金融危机的最重要武器，美国也是以立法的方式来拯救市场，通过了《2008 年紧急经济稳定法案》等系列法案。① 制度推动科技金融机制创新的基本功能体现在：

第一，制度可以减少交易风险。制度可以确立基本监管框架，确立共同

---

① 袁忍强. 金融危机背景下的金融监管及其发展趋势：金融法的现在和未来 ［J］. 法学杂志, 2012（7）.

执行标准，保证金融商品交易当事人的最低可信度。

第二，规制损害金融市场发展的过度竞争。美国证券法的发展就可证明，如果不对证券发行和交易进行必要管制，过度竞争或非法竞争必将导致整个金融市场的崩溃。因此，任何金融创新都会随之出现一个新的监管制度。

第三，监管本身对金融创新有刺激作用。金融市场交易主体为了规避监管，也会进行金融创新。

第四，建立科技与金融的连通机制。科技产业化分为科技研发阶段、技术转移与扩散阶段和科技产业化阶段，无论在科技研发阶段需要政府引导银行资本进入，还是在科技转移与扩散阶段引入风险资本，或者在科技产业化阶段完成市场价值，都需要建立两者之间信息的沟通共享机制。科技金融制度标准的出台，能够减少信息沟通和决策的失误，降低科技型企业和金融机构的协作成本，促进科技型企业和金融机构的互动和协作。

除了这些基本功能外，具体的制度也会对金融创新产生积极影响。例如，税收制度对金融创新的影响主要表现在个人或市场主体的避税方面。一些国家的税法体系中规定了遗产税种，继承人会因为继承巨额遗产缴税。为规避遗产税，许多人包括保险公司注意到人寿保险的保险金，保险受益人依法可以不用支付税费而获得，因此，为规避遗产税，英国等国在人寿保险领域创新了许多改变税收安排的人寿保险产品。在公司所得税方面，成本费用扣除的列项范围决定了所得税缴纳的多少。固定资产是以分年摊销的方式进行扣除，而租赁费用可以一次性作为成本费用扣除，因此，为规避、减少公司所得税的缴纳，租赁业，特别是金融租赁业获得了发展机会。由于金融租赁业独有的、不可替代的优势，各国纷纷出台优惠政策。金融租赁方面的税收优惠也促使了一些国家金融租赁的创新与发展。[①] 又如，物权制度对于金融创新的推动。信用风险，是银行业最传统又最常见的一种风险。为防范该风险，银行在贷款业务中设定了不同的担保方式。在我国《中华人民共和国物权法》出台之前，动产担保的范围有限、形式单一，不允许以"将来取得的财产"作为担保物，也不允许采用浮动抵押、最高额质押、应收账款质押等担保方式。2007 年《中华人民共和国物权法》所创新的动产担保方式，有利于推动

---

① 刘丹冰. 金融创新与法律制度演进关系探讨［J］.法学杂志，2013（5）.

金融业务创新。① 例如，《中华人民共和国物权法》规定将来取得的财产可以担保，扩大了担保物的范围，提高了可担保财产的使用效率；《中华人民共和国物权法》明确规定经当事人书面协议，企业、个体工商户、农村承包经营者可以将现有的以及将有的生产设备、原材料、半成品、产品以及法律、行政法规未禁止抵押的其他财产抵押，债务人不履行到期债务或发生约定的实现抵押权的情形时，债权人有权就实现抵押权时的动产优先受偿；在质权标的方面，《中华人民共和国物权法》明确将基金份额、应收账款等列入可以出质的权利，另外还规定了动产担保的登记原则，明确了应收账款质押登记机关。再如，公司法律对金融创新的影响，主要集中在上市公司制度方面。20世纪90年代出台的《中华人民共和国公司法》和《中华人民共和国证券法》有其特有的时代背景，其要解决国有企业改革和证券市场过度投机、高风险事件频发的问题，因此禁止性或限制性条款较多。但其也从一定程度上限制了上市公司的发展和金融创新。《中华人民共和国公司法》与《中华人民共和国证券法》的修改，在降低公司上市门槛、简化程序、提高效率的同时，直接促进了金融创新的发展，私募、多层次市场、$T+0$、做市商、衍生品种等金融创新业务的拓展有了法律依据。②

（二）制度促进科技金融创新效率最大化

制度最为重要的作用包括，以其特有的权威性和强制性的权利义务分配方式来促使调整对象实现效率的最大化，以满足人们对效率的需要。这是因为，人们总是面临资源稀缺与需求无限的矛盾，只有通过制度来协调这种不同社会主体之间因资源稀缺与需求无限所产生的矛盾，才能实现资源的有效配置。

制度可以降低市场经济活动中的交易成本、转移交易风险。制度之所以能够降低交易成本，是因为它具有规范性和强制性，能够指引人们的行为，使人们对行为的后果产生预期，能够影响人们的思想和行为本身。因此，人

---

① 阳建勋. 法律变革、金融创新与风险防范——以《中华人民共和国物权法》为中心 [J]. 财经科学, 2007 (12).

② 蔡奕. 法制变革与金融创新——兼评《证券法》、《公司法》修改实施后的金融创新法制环境 [J]. 中国金融, 2006 (1).

们只要遵循了制度就可以得到保障，也可在某种程度上使交易者减少他们在交易中可能遭受的损失。故对制度所保障的东西，人们无须另行协商谈判。作为影响甚或决定整个国民经济发展的金融，金融效率都是衡量金融作用的重要内容，而金融安全又是金融发展的必要条件。效率与安全的平衡，成为各国金融监管实践及其立法的核心内容。① 从经济学成本收益分析角度看，在金融领域，维系金融交易的成本（包括费用）是客观存在的。对成本的关注，不仅要注意直接、可以计算的经济成本，更要关注隐性、间接、无法计算但又直接影响国家社会稳定的社会成本。② 金融资源配置失衡问题的解决，需要从制度设计、实施等角度进行成本效率分析，降低成本是关键。应降低秉持核准主义的金融市场准入成本、监管成本、交易成本等。就交易成本降低而言，离不开多样的清算系统和完善的市场体系。清算系统和市场体系的构建，需要制度的保障和规范。因此，以中央银行为中心支付清算系统的确立，是以相应的中央银行制度、票据制度、支付清算制度、同业拆借制度等的建立和实施为基础的。金融商品的特殊性，决定了金融市场存在着各种各样的风险。防范、转移、配置金融风险，保护投资者利益，维护金融市场的有序运转，在区分货币市场、资本市场和金融衍生市场的前提下，建立、完善金融市场交易制度和监管制度等非常重要。可以说，正是由于金融制度的作用是降低交易成本和转移交易风险，因此，金融制度才成为决定社会发展的主导因素。金融制度建立的实质并不是国家对金融的控制，而是为了使金融效率最大化。③

（三）制度确立科技金融创新组织的主体地位

科技金融创新，主体的创新是不可或缺的。基于金融的特殊性，从事金融的主体是需要得到法律确认的。而风险投资、科技银行、科技保险、科技担保等各类科技金融主体也是需要得到法律确认的。现在，由于缺乏制度的保证和鼓励，很多从事金融工作的组织功用异化。例如，在科技担保中，目前没有实体性的行政法规对这个行业组织加以规范，缺乏完善的监管机制和

① 王广谦. 经济发展中金融的贡献与效率 [M].北京：中国人民大学出版社，1997.
② 田春雷. 金融资源公平配置与金融监管法律制度的完善 [J].法学杂志，2012（4）.
③ 刘丹冰. 金融创新与法律制度演进关系探讨 [J].法学杂志，2013（5）.

问责机制，制度适用无所适从。再如，对于科技银行，虽已在我国各地开始试点，但由于《中华人民共和国商业银行法》第四十三条规定，商业银行不得向非银行金融机构和企业投资，也就是说，银行不得从事股权投资。因此，国内主要采取商业银行（科技）支行和股份制两种方式来规避。[①]

（四）制度设立新的科技金融体系

通过制度，一是可以直接建立政策性金融与开发性金融体系，设立服务于技术密集性产业发展的特定融资机构，并完善产业投融资领域的制度，规范企业及金融机构的投融资行为，加大对企业技术创新的融资支持，鼓励金融机构支持企业技术创新的贷款模式、产品和服务，引导更多社会资本进入创新领域；二是可以建立多层次的资本市场，使之具备融资功能、配置功能、产权功能以及创新推动功能；三是可以建立新型科技创新投融资平台，为不同发展阶段的科技型中小企业提供多样化的投融资服务。在风险可控的原则下，创新符合科技型中小企业成长规律和特点的新型科技金融产品、组织机构和服务模式。

在区块链中，虚拟代币将区块链这种去中心化、可信任、分布式的技术传遍了各个领域，许多人将区块链视作互联网之后的又一次伟大的革命，区块链被众多投资者热捧，人们普遍认为区块链将形成新的科技金融体系。然而，在我国将虚拟代币发行认定为非法融资行为并严厉打击之后，虚拟代币发行已难寻踪迹，区块链热潮在我国也大为消减。区块链在虚拟代币跌宕起伏的行情之下被诋毁。

实际上，以比特币为基础而开发的区块链技术，本来是比特币的底层技术。但区块链与虚拟代币并不能画等号。其实，区块链是一个分布式、开放性、去中心化的大型网络记账簿，其通过自身分布式节点，结合共识机制、密码学、时间戳等技术来进行网络数据的存储、验证、传递和交流，从而实现点对点、不可篡改的传输。这种分布式核算和存储方式，在各个节点实现信息的自我验证、传递和管理，无须借助任何第三方中心的介入就可以使参与者达成共识，以极低的成本解决了信任与价值的可靠传递难题。因此，除

---

① 喻少如. 科技金融法律制度建设刍议［J］.法治与经济（上旬刊），2012（12）.

了虚拟代币，区块链技术还有很多应用场景。如防伪溯源、预测市场、加密通信、物联网、数据存储、智能风控等。

在金融领域，由于金融业是以信用为基础的，而区块链通过防篡改和高透明的方式，以去中心化、去信用化的操作来提高服务效率和准确性，从而帮助金融企业降低成本、控制风险，其典型的应用场景可以包括数字货币、支付清算、数字票据、供应链金融、资产证券化等。例如，一些银行依托区块链技术打造资产证券化系统，将券商、监管机构等各参与方组成联盟链，连接资金端与资产端，利用区块链技术实现 ABS 业务体系的信用穿透，从而实现项目运转全过程信息上链，使整个业务过程更加规范化、透明化及标准化。又如，一些金融机构将区块链技术应用于资产托管系统，避免重复的信用校验过程，大大缩短了原有业务环节办理的时间，提高了信用交易的效率。再如，在证券交易的审核和清算环节中，中心化的交易验证系统往往极为复杂和昂贵，交易指令执行后的结算和清算环节也十分复杂，需要大量的人力成本和时间成本，并且容易出错，而区块链技术有诸多的优势，可以极大降低处理时间，同时减少人工的参与。还有，在供应链金融中，传统的模式高度依赖人工，在业务处理中有大量的审阅、验证各种交易单据、纸质资料的环节，除高昂的时间成本、人力成本外，还存在很大操作失误的风险，并且难以触达距离核心企业较远的中小企业。而引入区块链技术，可以减少人工成本、提高安全度及实现端到端透明化，所有参与方使用一个去中心化的账本分享文件并在达到预定的时间和结果时自动支付，极大地提高效率的同时减少了人工交易可能带来的失误。因此，区块链远非虚拟代币所能涵盖。马云曾说，虚拟代币是泡沫，但区块链不是。其实，区块链不仅不是泡沫，还在许多领域具有广阔的应用前景，尤其是在金融领域，以区块链为基础的金融科技产业在促进国家经济发展方面起到关键作用。

区块链在金融领域的应用场景需要区块链金融科技的支撑。一些国家或企业也在加大研发力度，力图在区块链金融科技方面占据优势地位。例如，2018 年 12 月，由蚂蚁金服发起，全球最大的非盈利性专业技术学会"电气与电子工程师协会"（IEEE）评审通过《供应链金融中的区块链标准》，这一标准将定义基于区块链的供应链金融通用框架、角色模型、典型业务流程、技术要求、安全要求等。然而，区块链金融科技仍处于发展阶段，尚有诸多障码需要突破。第一，缺乏可规模化推广的区块链技术。一方面，区块链技术本身的成熟度有待进一步提升，系统吞吐量、信息安全防护能力等有待进一步提升，区块链技术需要不断迭代演进与完善优化；另一方面，当前区块链技术应用主要集中于对实时性、交易吞吐量要求不高的现有业务场景的改进，金融机构挖掘创新业务场景的能力相对不足。第二，节点规模、性能、容错性三者之间难以平衡。共识算法是区块链核心技术之一，当前共识算法存在节点规模、性能、容错性三者之间难以平衡的问题。第三，跨链互联仍存在障碍。实现跨链互联是一个复杂的过程，需要链条中的节点具备单独验证能力和对链外信息的获取能力。虽然针对该问题当前已提出了公证人机制、侧链/中继器模式与哈希锁定模式三种有一定借鉴价值的解决方案，但仍存在许多不足。第四，链上数据与链下信息的一致性难以保障。区块链技术能够保障链上数据的真实性、完整性和不可篡改性，但在涉及线下承兑、实物交付等场景时，难以覆盖业务流程的所有阶段，可能存在链上数据和链下资产实际信息不一致的问题。第五，缺少统一的区块链技术应用标准。区块链平台性能受网络环境、节点数量、共识算法、业务逻辑等因素影响较大，产业各方对其技术性能指标评价缺乏统一的标准。除此之外，区块链金融科技的不成熟还表现在：一是区块链的不可篡改性导致不可撤销和回滚的难以实现。实际上，某些场合中的数据修改也是必要且合理的。二是区块链的"离线升级"难以适应架构的灵活迭代。区块链是完全分布式的存储，进行整体性升级的时候就需要所有的节点都停止，但离线升级显然不适应实时业务。三是区块链的"去监管"与国家强化金融监管的方向并不匹配。①

　　所有这些区块链金融应用所面临的障碍，都需要相关技术的改进和提高。这些技术的发展仅仅依靠企业是做不到的，还需要政府在制度等多方面给予支持。为了抢占金融发展制高点，许多国家或地区都认识到扶持区块链金融科技发展的重要性。例如，法国国会议员提议法国向区块链项目投资5亿欧元，用以将法国打造成一个"区块链国家"。瑞士政府也提出了针对区块链监管的新立法思路，以便国家可以继续成为金融科技、区块链以及更多领域创新公司的绝佳栖息地。在我国，一些地方政府也加大了对区块链的扶持力度。

① 北京区块链技术应用协会、北京中科金财科技股份有限公司、社会科学文献出版社于2018年12月1日共同发布的《区块链蓝皮书：中国区块链发展报告（2018）》。

在北京，2016 年的《北京市"十三五"时期金融业发展规划》就提出"加快云计算、大数据和区块链等金融科技在支付清算、数字货币、财富管理等领域的创新发展与应用"。2017 年 9 月的《中关村国家自主创新示范区促进科技金融深度融合创新发展支持资金管理办法实施细则（试行）》将区块链定义为前沿信息技术并入驻互联网金融功能区。2018 年 11 月的《北京市促进金融科技发展规划（2018 年—2022 年）》表示，北京将鼓励金融科技底层技术创新和应用，包括以云计算、区块链为代表的分布式技术发展。在上海，上海市经信委发布《2018 年度上海市软件和集成电路产业发展专项资金（软件和信息服务业领域）项目指南》，指出区块链是产业发展的方向之一，支持研发基于区块链技术的自主开源平台，开发新型加密算法和共识机制，构建区块链技术底层基础架构及各方面应用。上海市互联网金融行业协会还发布了《互联网金融从业机构区块链技术应用自律规则》，明确区块链行业的金融服务管理和底线。在广东，2017 年末广州市黄埔区、广州开发区出台《广州市黄埔区广州开发区促进区块链产业发展办法》，针对区块链产业的培育、成长、应用以及技术、平台、金融等多个环节给予重点扶持。佛山市南海区金融业发展办公室发布《关于支持"区块链＋"金融科技产业集聚发展扶持措施实施细则》，从落户奖励、平台支持、金融支持等方面支持区块链金融产业发展。2018 年 12 月 20 日，广东金融高新区"区块链＋"金融科技产业孵化中心正式投入运营，将为"区块链＋"金融科技型企业和创业团队提供孵化办公空间、政策指引、项目资源对接、项目投融资等综合服务，引导应用场景的挖掘，推动技术成果转化和应用。与此同时，广东金融高新区"区块链＋"金融科技投资联盟正式成立。甚至地处内陆的贵州、湖南等地都颁布了促进区块链发展的政策。

二、 制度保障的价值取向

（一）安全

安全是指没有受到威胁，没有危险、危害、损失。人类整体与生存环境资源和谐相处，互相不伤害，不存在危险、危害的隐患，是免除了不可接受的损害风险的状态。安全是在人类生产经营过程中，将系统的运行状态对人类的生命、财产、环境可能产生的损害控制在人类能接受水平以下的状态。安全分为消极安全与积极安全。消极安全是一种静态安全和初级安全，表现为秩序性。"在自然进程和社会进程中都存在着某种程度的一致性、连续性和确定性。"另外，无序概念则表明存在着断裂（或非连续性）和无规则性的现象，亦即缺乏智识所及的模式——这表现为从一个事态到另一个事态的不可预测的突变情形。历史表明，凡是在人类建立了政治或社会组织单位的地方，他们都曾力图防止出现不可控制的混乱现象，也曾试图确立某种适于生存的秩序形式。这种要求确立社会生活有序模式的倾向，绝不是人类所作的一种任意专断的或"违背自然"的努力。积极安全可以理解为动态安全和高级安全。"安全具有一张两面神似的面容。一种合理的稳定生活状况是必要的，否则杂乱无序会使社会四分五裂；然而稳定性必须常常为调整留出空间。在个人生活和社会生活中，一味强调安全，只会导致停滞，最终还会导致衰败。以反论的立场来看也是这样，即有时只有经由变革才能稳定安全，而拒绝推进变革和发展则会导致不安全和社会分裂。"①

安全也是经济活动的重要条件。安全若得不到有效实现，将导致公共性资源、公共性权力和公共性暴力的私有化、权贵化，使得自由、平等、秩序、公正、效率等价值也将难以实现，经济运行环境将会恶化，市场经济运行体系将会紊乱。因此，作为社会调控重要手段的制度，也应将安全纳入其价值目标。E·博登海默认为："安全则被视为一种实质性价值，亦即社会关系中的正义所必须设法增进的东西。因此在这种视角下，安全同法律规范的内容紧密相关，它们所关注的乃是如何保护人们免受侵略、抢劫和掠夺等行为的侵害，再从较为缓和的角度来看，它们还可能关注如何缓解伴随人的生活而存在的某些困苦、盛衰和偶然事件的影响。"② 边沁在其功利主义理论中，将安全视为制度所欲达到的四项目标中最基本的目标。③ 如果没有制度的安全价值的实现，平等、自由、秩序、公正、效率等价值也将很难实现，甚至失去存在的基础。具体而言，制度的安全价值既体现为当社会秩序中的安全受到

① E·博登海默. 法理学：法律哲学与法律方法［M］.邓正来，译，北京：中国政法大学出版社，1999.

② E.博登海默. 法理学：法律哲学与法律方法［M］.邓正来，译，北京：中国政法大学出版社，1999.

③ 吕世伦，王振东. 西方法律思潮源流论［M］.北京：中国人民大学出版社，2008.

破坏时所给予的救济，又体现为制度能够提供一种可遵循的秩序。同时，构建起一个制度框架，为各种行为及其后果进行明确的宣示，使得人们在行为之外能够预测制度对自己行为的态度，并以此对抗各种外力如国家强制力的不当干涉与打击。制度是最为稳定的规则，可以为人们提供一种减少信息成本和预测成本，并减少市场经济的不确定性的方法。因此，制度之于安全，是权利的稳定器、失控权力的抑止器，各种制度规范直接确认和保护人们对其生命、健康、财产的稳定性享有，实现人们的安全需求。

在金融领域，保障金融安全也是第一要务。金融安全是指货币资金融通的安全和整个金融体系的稳定。金融安全是与金融风险、金融危机紧密联系在一起的，既可用风险和危机状况来解释和衡量安全程度，同样也可用安全来解释和衡量风险与危机状况。安全程度越高，风险就越小；反之，安全程度越低，风险就越大。危机是风险大规模积聚爆发的结果，危机就是严重的不安全，是金融安全的一种极端。[①] 作为整个经济和社会的血液，金融的安全和稳定，直接影响我国经济与社会的整体发展。如果失去了金融安全，极有可能引起社会动荡。同时，金融安全又必须建立在社会稳定的基础上，因为社会不稳定的某些突发性因素往往是引发金融危机的导火索。因此，维护金融安全已经成为各国金融制度对金融业经营的一个基本要求。许多国家都明确规定，国家利益要求有一个安全与稳定的金融体系。[②]

科技金融是金融的一个分支。科技金融创新将对我国金融监管带来巨大的影响，科技金融的创新往往意味着风险的加大。伴随着科技金融发展进程的加快，金融监管部门很容易面对之前从未发生过的问题，其监管的领域也将会受到较大的冲击，其保障的领域也将面临较为严峻的金融风险。因此，其将会对监管方式与制度进行较大的调整。在金融制度中，需要更加注重维护金融安全。作为正式规则部分的金融制度是一种有效动员、集中社会分散资源，引导社会资源从低效益组织向高效益组织流动，从而实现资源优化配置，降低商品、生产要素交易间的支付、结算、代理交易成本，传播市场信息，发挥专业组织信息优势，减少信息成本和信息不对称性分布，分散市场

---

① 臧景范. 金融安全论［M］. 北京：中国金融出版社，2001.
② 曹建明. 金融安全与法制建设［J］. 法学，1998（8）.

风险的一项制度安排。① 具体体现为约束各类经济主体特别是金融机构其金融行为的制度体系，包括金融产权、金融市场和金融监管等正式制度框架。金融制度的保障，是预防和减轻科技金融运行过程中的风险，给科技金融运行提供一个安全高效的环境，最终实现安全价值的重要举措。

（二）效率

效率原本是经济学的一个基本范畴，经济学上的含义是指人们对经济资源的有效利用和有效配置，从一个给定的投入量中获得最大的产出，即以最少的资源消耗取得最大的效果。其理想状态是所谓的帕累托最优，也就是社会资源的配置已达到这样一种境界：一种资源的任何重新配置都不可能使任何一个人的福利增加，而使另外一个人的福利减少。也就是说，社会已达到人尽其才、物尽其用，而不存在任何浪费资源，以至于每个经济人都实现了经济福利的最大化。从微观经济运行方面看，效率表现为微观经济主体单位时间内的一定劳动或其他资源所取得的成果。从宏观经济运行方面看，效率是各种资源在国民经济中的利用程度，表现为社会资源的充分投入、合理配置、有效利用，国民经济实现总量平衡和结构平衡，国民经济持续、快速、健康增长是其追求的目标。②

制度对效率价值的追求是其新使命。21 世纪 60—70 年代，经济分析法学派将经济分析的方法运用于制度问题的研究中，试图透过现象寻求其内在经济逻辑。其核心思想是：制度的创制与执行都应以最大限度地提高社会财富为出发点和追求目标，经济效益是最高价值。笔者并不完全同意经济分析法学派将经济效益视为制度的最高宗旨，但他们将经济分析法引入制度研究，无疑极大地开阔了制度研究的广度和深度。有些学者指出，效率问题是市场主体应该考虑的问题。制度对市场进行调控时当然也应考虑效率问题，但是否有效率，完全应该由市场主体作出判断。③ 其实不然。效率决定着公平的质

---

① 吴竞择. 金融外部性与金融制度创新［M］.北京：经济管理出版社，2003.

② 保罗·A. 萨缪尔森，威廉·D. 诺德豪斯. 经济学［M］.高鸿健，等译. 北京：中国发展出版社，1992；詹姆斯·M. 布坎南. 自由、市场和国家［M］.吴良健，桑伍，曾获，译. 北京：北京经济学院出版社，1989.

③ 乔新生. 公平与效率的法律分析［N］.南方周末，2002–07–04.

量及其由实然向应然迈进的速度。① 社会财富生产效率的高低成为制约公平质量的决定性因素。之所以存在社会财富分配的公平问题，是基于社会财富的稀缺这一事实。那么，如何高效利用有限的资源，即以最少量的资源成本创造出最大的利益的问题便摆在了人们面前。其主要包括：一是制度体系需以效率为优先价值来决定权利、权力等资源的社会配置；二是权利与义务的具体设定和落实，需以效率为优先价值来引导资源的个体配置；三是权利、权力的初始界定和安排不是永恒的，制度允许权利、权力资源的合理让渡和流通，即从低效率或负效率的利用转向高效率的利用，没有这种让渡和流通，权利、权力之类稀缺的资源就可能白白浪费；四是效率与公平相冲突时，为了效率的价值目标，公平可以退居第二位，直至暂时作出必要的自我牺牲。这种价值实现的时间差反映了价值体系的多元性和流动性。②

　　金融效率与安全是正相关的。在动态的、有竞争力的市场经济中，效率和盈利是连在一起的，它们的主要作用将表明未来偿还能力的前景。没有效率的银行将会亏损并最终倒闭。没有流动性、资本不够充足的银行，即那些资本净值低的银行，比较脆弱，当遇到非稳定性的冲击（如大的政策变动、资产结构的大幅调整、金融领域的开放或自然灾害）时，比较容易垮台。③ 管理能力良好、经营效率较高、资本充足的银行，盈利能力就强，抵御消极事件的能力也强。银行吸收社会资金后，如果将资金合理投放到国家产业政策支持、公众消费需求倾向的领域，即社会资源配置合理，贷款利息收入则会如期如额收回，不会发生任何额外损失，银行运行处于高效率状态，进而获得盈利。银行如果持续盈利，能够带给公众对未来的信心，这种信心是维持银行安全的根本保障，也是维持金融稳定和经济稳定的核心因素。而且，若没有较为高效的金融监管效率，金融安全也无从谈起。而在金融市场发展过程中，若金融安全被忽视，再高效的金融监管效率也是纸上谈兵。银行间激烈的市场竞争，就要求监管机构提高其监管效率，来适应银行的发展。即便监管加强，也是以促进金融机构正当竞争、提高其效率为前提，不会因条款的严苛而抑制竞争效率的提升，进而导致金融体系的效率损失。金融监管，

---

① 齐延平. 法的公平与效率价值论［J］.山东大学学报（哲学社会科学版），1996（1）.
② 张文显. 法哲学范畴研究［M］.北京：中国政法大学出版社，2001.
③ 王曙光. 金融自由化与经济发展［M］.北京：北京大学出版社，2003.

并不是为了保障在高风险、低效率下运行的金融机构，而是从公共利益出发，保障整个金融行业的稳定发展，并在其中找到平衡点，平衡、协调效率与安全。因此，效率才是最稳定、最可靠、最持久的金融安全，需要提高金融效率，降低金融风险。[①]

第二节　金融支持创新型中小企业发展的模式比较与选择

一、　模式比较

从本书第四章的分析得知，科技金融运行机制可分为三种模式：一是市场主导模式，主要是指资本市场和风险投资市场。市场主导模式需要有一个功能完善的资本市场，典型代表为美国。市场主导的"基于法律的体系"中，企业融资方式是多元化的直接融资，对商业银行信用的依赖性不强，投资者与被投资者之间有着长期的合作关系，并靠隐性的自我强制合同与信用来维持，这种长期关系能够减少信息不对称、降低管理成本。二是银行主导模式。日本、德国是银行主导模式的典型代表，即银行在科技金融发展中起到重要作用，科技型企业的融资渠道主要为间接融资，同时紧密的银企关系也在很大程度上缓解了信息不对称问题。银行主导的"基于关系的体系"中，企业融资方式以间接融资为主，银行资本通过债权和股权结合的方式渗透产业资本。必要时，银行资本能够对企业治理结构产生直接的影响，甚至掌握企业的控制权。三是政府主导模式，以色列、韩国、印度是政府主导模式的典型代表。这种模式主要体现为政府在科技金融配置中起主导作用。政府主导模式适用于科技金融发展的初期和赶超阶段，也适用于需要大量资金注入的科技行业。可见，由于经济发展水平、金融体系完善程度、市场发育程度和历史文化背景等因素的差异，各国的科技创新金融运行机制存在很大的区别。

在科技创新过程中，技术创新方式与融资模式的选择存在一定的对应关系。技术领先者承担的技术风险较大，因而追求稳定收益的传统银行机构对

---

① 刘嵩一. 银行安全与效率的法制研究［D］. 长春：吉林大学，2006.

其发放贷款持谨慎态度。同时，信贷市场上的信息不对称会导致较高的交易成本，并出现逆向选择和道德风险问题，这使得技术领先者多倾向于以直接融资为主的"基于法律的体系"的金融支持。技术追赶者则以间接的信贷资金支持为主要融资渠道和方式。从日本和德国的历史实践看，原因在于这些国家资本市场不够发达，直接融资需要严格的条件，以间接融资为主的"基于关系的体系"也就成为技术追赶者融资的必然选择。

实践证明，在不同的法律和市场条件下，市场主导的"基于法律的体系"与银行主导的"基于关系的体系"都是有效率的。但是，技术创新的各种融资方式也并不是绝对孤立的。从全球的发展趋势来看，市场主导的"基于法律的体系"与银行主导的"基于关系的体系"有相互融合的趋势，两种金融体系在更深的层次上相互借鉴、相互融合。

二、 模式选择

不论是美国的市场主导的"基于法律的体系"，还是日本、德国的银行主导的"基于关系的体系"，本身都在发生变化，都不应是目前我国科技创新金融支持的目标模式的选择。

一方面，我国受法律体系不健全、证券市场起步较晚、发展缓慢等现实条件的制约，科技型企业想要较多地实行股权融资方式在短期内还不现实。首先，现阶段我国沪、深两市对上市公司的要求十分严格，处于发展中的高科技中小企业很难在主板市场上市。即使是专门服务于高科技中小企业的创业板市场，目前依然存在上市门槛高、审核过程繁杂等问题，影响了企业上市融资的步伐。其次，我国尚未建立完善的风险投资退出机制，风险投资出口不畅。风险资本的退出方式主要有三类：股票上市、股票转让和公司清理。就目前而言，这几种通常的退出方式在法律保障和操作可行性方面均存在问题，尤其是股票上市遇到的问题更多、更大。目前与创业投资退出相关的法律主要有《中华人民共和国公司法》《中华人民共和国证券法》《股票发行与交易管理暂行条例》等，其中某些规定不利于风险投资从企业中退出。并且，我国目前尚缺乏充足而完善的产权交易市场和股票交易市场，导致风险投资缺乏退出机制。

另一方面，我国直接融资与间接融资比例严重失调，银行有较大的经营风险，过多依赖银行融资也不现实。2018年底，我国中外资金融机构本外币存款余额182.5万亿元，同比增长7.8%；其中，居民储蓄存款余额72.4万亿元，增长11.1%。中外资金融机构本外币贷款余额141.8万亿元，增长12.9%。截至2018年12月，我国金融机构新增本外币贷款16.2万亿元，而同期全年境内交易场所累计筹资仅为1.36万亿元，间接融资与直接融资的比重为92.3：7.7。银行等金融机构集中了大量社会资金，不仅导致金融风险过度集中于银行体系，而且造成企业长期高负债运营，不利于企业资本结构的优化，也不利于治理结构的建立和完善，难以建立起规范的现代企业制度。

因此，在这样的现实下，我国科技型中小企业的金融支持体系应该进行两元发展，即直接金融与间接金融并举，核心在于运用市场化机制，推进直接融资和间接融资两种金融支持模式的协调发展。

第三节　我国金融支持创新型中小企业发展的整体框架

一、　基本原则

基本原则是以政府引导、市场推动为原则，直接融资和间接融资并重，充分发挥市场对科技创新的调节作用。实行政府宏观指导协调，企业自主投资决策，银行独立审贷，最终形成以政府为引导、银行贷款为主体、风险投资为支撑的多元化、多渠道融资体系。

二、　整体思路

整体思路是针对科技创新在不同发展阶段的融资特点，以及创新型中小企业在不同层次的资金需求，从横向和纵向两个维度构建一个层次分明、全方位的金融支持体系。

具体如下：从横向来看，主要针对科技创新在不同发展阶段，即研发阶段、中试阶段、扩展阶段、成熟阶段的融资特点，构建相应的金融支持体系；从纵向来看，主要针对创新型中小企业在不同层次，即企业层次、产业园区层次、城市和区域层次，提供相应的金融安排，在此基础上构建一个层次分明、多维度的金融支持体系。从权益性融资到长期信贷融资，从公开融资到非公开融资，为我国技术创新的不同阶段与创新型中小企业发展的不同层次，提供全方位、多渠道的金融支持。

三、 具体内容

该体系的内容具体包括两个层次：一是横向的、针对科技创新在不同发展阶段的金融安排；二是纵向的、针对创新型中小企业在不同发展层次的金融安排。

（一）科技创新在不同阶段的融资安排

技术创新一般包括四个阶段：技术研究与开发阶段、创业或中试阶段、扩展阶段、成熟阶段。这四个阶段依次相接，连环相扣，形成一条转化链。要确保技术创新的成功，就要确保每个环节都有足够的资金支持。

第一，技术研究与开发阶段。在这一阶段，融资对象仅有产品构想，需要筹集资金进行产品研究开发，以形成雏形样品。推出比较完整的生产方案，面临着技术和产品开发风险。鉴于科技创新的外部性，在初始阶段，其风险主要应该由政府承担。因此，这一阶段的投资主体是政府，以政府拨款投入科研经费为主要形式。

第二，创业或中试阶段。在这一阶段，产品刚由最初的概念转化为雏形状态，技术方面还存在许多不确定的因素，市场前景也不明朗，存在着较高的风险，商业银行一般不会介入。因此，这一阶段的融资方式将以风险投资为主，其目的是获得企业的股权，并在企业发展成熟后上市变现，从而获得超额收益。在风险投资资金介入后，部分对高新技术企业运作比较熟悉的商业银行会适度介入，并提供一定程度的贷款支持。另外，政府的财政支持和税收优惠政策对这一阶段的企业也有明显的支持作用。因此，这一阶段的融资安排以风险投资为主，辅以政府部门的财政拨款或税收优惠以及少量的商业银行贷款。

第三，扩展阶段。初期产品已经完成上市，甚至开始小批量生产，管理队伍发展也趋于成熟，但有待进行大规模的市场开发工作，以扩充生产规模，保证企业持续发展。这一阶段是企业资金需求规模最大的时期，也是风险较为集中的时期。因此，银行对此通常会持审慎的态度；风险投资的融资金额也通常较小，不能满足此时企业大量的资金需求。同时，我国证券市场过高的准入门槛也限制了中小企业的进入，对大多数中小企业来说，通过发行股票、债券进行融资仍具有一定困难。因此，在投资主体缺位的情况下，政府部门应在这一阶段加大财政支持力度，充分利用财政补贴、政府采购、税收优惠以及调整资源性产品价格等政策支持创新型中小企业发展。除此之外，政府部门还应鼓励和引导银行和非银行金融机构积极进行金融创新，如通过银团贷款、循环贷款、设立专门的创新型产业投资基金或设立高新技术企业信用担保机构等，充分调动民间资金参与科技创新的相关产业。

第四，成熟阶段。企业已具备一定规模，产品拥有相当一部分市场份额，风险大大降低，收益也较为稳定，较易得到各种融资渠道的资金支持。首先，风险投资机构会进一步加大投资；其次，商业银行、共同基金等金融机构也会以比较积极的态度介入；最后，对于发展较为成熟的企业，可以通过在资本市场发行债券、股票等进行融资。因此，这一阶段的融资安排以权益性融资和信贷融资为主，以风险投资、银行借款、发行股票或债券等方式进行。

（二）创新型中小企业在不同发展层次的融资安排

第一，在企业层面，由于企业属于竞争市场中的微观经济主体，生产的效益目标明确，最需要对其技术改造或新型生态技术生产项目辅以资金支持。这一层面的投资具有补偿性和可回收性特点，企业可以承受全部或部分融资成本，投资主体和渠道较为多样。因此，这一层面的融资安排主要以政府、企业、银行等为投资主体，通过财政拨款、长期资本市场、短期债券市场或银行信贷市场进行融资。

第二，在产业园区层面，由于产业园区的建设既包含社会效益，也包含企业效益，因此，产业园区及其支柱企业的金融需求更多地体现在一揽子金融工程设计上，更强调将不同投资人与多种金融工具有机结合，共同支持创新型中小企业的产业组合、产业升级和政府发展规划。这一层面的融资安排较为灵活，主要以政府、企业、银行等为主，通过财政拨款、长期资本市场、短期债券市场或银行信贷市场进行融资。此外，这一层面更强调金融创新的重要，如银团贷款、设立专门的科技创新投资基金等。

第三，在城市和区域层面，由于一般企业不具有独立承揽城市、区域项目规划所需的技术能力，无力承担项目建设所需的资金规模，而且在此层面上的科技创新具有明显的公共性和外部性，因此，只有依赖国家财政支持和政策性金融支持，才能推动城市和区域科技创新体系的较快发展。这一层面的融资安排以政府部门为投资主体，采取财政拨款、发行环保债券、彩票、BOT、优惠贷款、信托等融资方式，辅以多方参与的项目融资。

四、 制度安排

基于科技创新的中小企业发展具有外部性、高风险性、高投入性等区别于传统产业的特征，与之相应，其资金配置机制的设计也将从这些角度予以考量，主要包括促进中小企业科技创新的外部调节机制、风险补偿机制、资金循环供给机制三个方面。

（一） 外部调节机制

1. 科技创新的外部性与市场失灵

科技创新的外部性是指科技创新过程中社会收益与私人收益的不一致，从而造成市场失灵。

在市场经济下，科技创新是科技与经济的一体化过程，是一个从新技术构思的出现、产生新产品或者新工艺的设想到市场应用的完整过程。然而，新技术开发所产生的社会效益远大于私人收益，科技创新的公共物品性质容易导致"市场失灵"或者"市场残缺"。如公共物品的性质意味着市场定价机制排斥不愿支付价格的人消费某种物品或者服务，允许更多的人消费公共物品的边际成本为零，因此增加一人消费此种物品或者服务并不增加成本，而每个人无论支付或者不支付都会从公共物品中得到好处。这种公共物品的性质导致企业生产和销售此种物品和服务缺乏动力，从而造成市场失灵。

若缺乏政府的外部规制，科技创新的正外部性不能得到有效补偿，技术创新和产业发展将丧失其内在动力。因此，应设计相应的政府规制机制，将科技创新的外部收益有偿化，通过科技创新的自我强化效应促进中小企业技术创新可持续的发展。

2. 外部调节机制的设计

外部调节机制的设计将从外部收益有偿化的角度考量，主要运用政府财政收入和财政支出政策，对科技创新的正外部性行为予以补偿。具体内容包括以下四方面：

第一，财政补贴政策。政府对企业通过有针对性的财政补贴，可调动中小企业科技创新的积极性，从而指导整个社会资源向科技创新的方向发展。财政补贴涉及的领域主要包括：技术创新的初始阶段，以及中小企业层次或产业园区层次。其实现途径是对开展科技创新的企业给予财政补贴的优惠，如物价补贴、企业亏损补贴、财政贴息、税前还贷等。

第二，技术创新产品的政府购买制度。所谓技术创新产品，是指实行了技术创新的企业的产品。如在生产过程要求节省原材料和能源，淘汰有毒的原材料，削减所有废物的数量和毒性；对产品要求减少从原材料提炼到产品最终处置全部生命周期的不利影响，对服务要求将环境因素纳入设计和所提供的服务。政府采购涉及的领域主要包括：中小企业技术创新的初始阶段，以及有利于创新型企业发展的配套公共政策，例如，可优先采购具有绿色标志的、通过 ISO 14000 体系认证的、非一次性的产品等。

第三，税收制度。在税收制度方面，国家主要考虑税率的差别性对不同地区、不同部门的创新型企业实行差别税率；同时将资源的使用量划分档次，不同档次使用不同的税率，税率逐级跳跃式增加，以使企业投入科技创新，加大科技创新型产品的研发力度。

第四，经济激励制度。即在支持优惠的同时，国家对中小企业、单位乃至个人实行一定的奖励。如对在研发产品过程中节约大量自然资源的或使用科技创新型产品的，进行奖励和补偿。

（二）风险补偿机制

在科技创新发展的过程中，一个最大的问题是风险与收益的不匹配。一方面，这是由科技创新的高风险性所决定的；另一方面，则主要是由信息不对称造成的。因此，在这个过程中，嵌入一个有效的风险补偿机制，可以调整风险与收益的不对称，从而提高金融机构在科技领域投入的积极性，最大限度地把科技创新转换为经济发展的动力。

结合西方国家经验及我国的实际情况，风险补偿机制的建立具体有三种安排：一是由财政资金参与组建政府风险投资种子基金；二是组建科技信用贷款担保体系；三是由财政资金出资组建政府风险投资损失补偿体系。

第一，组建政府风险投资种子基金。由政府利用三项经费，并由财政资金拨出专款组建风险投资基金，作为种子基金专门投资处于实验室阶段的项目与初创阶段的企业。

第二，组建科技信用贷款担保体系。担保基金的建立可以减轻和消除中小企业的科技创新因信息不对称所造成的融资困难和障碍。其主要包括三个方面：一是利用财政资金组建高新技术企业贷款担保基金；二是行业牵头设立科技风险补偿基金或科技贷款担保基金；三是推广科技投入的投保理赔险种及科技贷款保险险种。

第三，组建政府风险投资损失补偿体系。为扶持风险投资业的发展，除制定专门针对风险投资机构的税收优惠政策外，利用政府财政资金对风险投资机构给予直接的政府补贴，也是一个有效的政策安排。政府利用财政资金对风险投资机构的投资损失予以补贴，其目的在于减少这些机构的投资风险，提高风险投资机构的盈利能力，从而对风险投资机构起到激励作用。

（三）资金循环供给机制

与传统产业的生产模式相比，高科技产业对资金的需求出现了质的变化，因此，应从质的角度为高科技产业发展的资金供给进行制度创新。

从质的角度看，高科技产业的核心在于产业链的纵向延伸和横向耦合，相应地，信贷服务对象也随之发生转变：一是由支持单一产业转变为支持多种产业所组成的产业链；二是由支持单一企业转变为支持附着于产业链，以及由上、下游企业所组成的企业群。无论是延伸还是耦合，高科技产业都需要银行提供系列化、循环式的信贷资金予以支持。因此，我们需要突破传统的信贷分类系统，逐步引入循环贷款的资金供给机制，以使信贷服务与创新型企业的资金需求相衔接。

第八章　金融支持创新型中小企业
发展的具体制度设计

第一节　构建科技金融创新的法律法规体系

一、制定高层级的法律法规

目前科技金融领域立法层级低，既没有统一的部门法，也没有国务院出台的行政法规，大多是各部委、地方政府的规范性文件。我国的科技金融立法存在着缺乏系统性、层级较低、创新不足和可操作性不强等缺点，而且，由于各部门间是相互独立的个体，都有各自的立法权，导致立法混乱。因此，出台一部高位阶的、统一的规范性文件是法制建设的第一步。通过高位阶的法律确定法律的基本原则，国家统一适用的权力、权利以及义务，保证法律的统一性和协调性。至于各部委的立法，可以先向国务院备案，避免立法重复、矛盾和资源浪费，加强部门间的联合立法，相互沟通协调各方利益。

二、确立基础性法律法规

第一，修改《中华人民共和国中小企业促进法》，使其更加有利于科技型中小企业的发展。现在的《中华人民共和国中小企业促进法》制定于中小企业发展刚刚起步的时期，对中小企业的定位尚不明确，权利规定也较为笼统，对于中小企业融资的问题仅稍作提及。因此，应当修改《中华人民共和国中小企业促进法》，细化该法的原则性规定，增强其可操作性，填补法律的空白，增强其适用性。例如，在法律中增加风险投资制度、中小企业的信用担保制度、知识产权质押融资制度、产学研合作促进制度等方面的规定，从法律层面引导中小企业进行融资。

第二，从法律层面规定设立政府针对中小企业的管理机构、政策性金融机构、创业投资基金等，规定这些机构和基金具体的设立条件、职能和运行机制。确立金融机构科技金融创新的主体地位，促进我国的科技金融创新。例如，商业银行除了传统的存贷款业务，要加大金融创新的力度，大力拓展中间业务，加强金融产品创新，研发出更多的金融衍生产品。

三、 完善辅助性法律法规

第一，制定中小企业信用担保法。信用担保以担保机构为第三方保证人，企业通过担保机构提供的担保获取超过自身信用能力的融资。这种融资模式对于自身信用能力较差、固定资产担保不足而又急需资金的科技型中小企业尤为适用。我国在信用担保方面的法律存在较大空白，信用体系不健全。因此，我国有必要制定中小企业信用担保法，规定信用担保机构成立的条件、运行规则、风险承担方式等，依据法律建立运营规范的民间担保机构。对于风险分担问题，我国可以参照国际通行做法，规定金融机构与担保机构按比例共同承担风险，既能降低担保机构的运营风险，又能增强银行放贷时的审慎责任。我国可以成立由国家财政出资的全国性中小企业信用担保基金，各民间担保机构可以向此基金申请针对中小企业担保的再担保，当中小企业通过民间担保机构融资后面临还款困境时，由国家的中小企业信用担保基金和担保机构按比例分担损失，来分散民间担保机构风险，调动民间担保机构为中小企业提供担保的积极性。

第二，建立知识产权质押融资法律制度。具体如下：协调《中华人民共和国商标法》《中华人民共和国专利法》《中华人民共和国著作权法》《中华人民共和国担保法》《中华人民共和国物权法》以及各地关于知识产权质押地方性法规的关系，对于有冲突的法律规定，确立统一的适用标准。制定知识产权担保登记、评估和流转的相关法律。可以由国家知识产权局进行统一知识产权担保登记，并建立知识产权担保登记信息网，方便查询流通和实施中的知识产权担保状态。建立知识产权质押融资的风险防范机制。在法律中设置一定的知识产权质押的条件，在运用知识产权质押融资的过程中，银行可以区分知识产权的创新性、时效性，并据此分析中小企业的发展潜力。规定出质人对权利瑕疵的告知义务和质押期间权利状态的报告义务，以便银行及时地防范和处理风险。

第三，制定税收优惠办法，完善政府针对中小企业的税收优惠政策，改变过去单一的事后激励措施。国家可在研发成本投入阶段开展税收扶持，在研发投入阶段免除税收，在盈利后减轻一定的税收，将盈利前扶持与盈利后激励措施结合起来。

第四，建立科技保险相关法律法规，从法律角度确认科技保险在促进科技创新和推动经济社会发展中的地位和作用，并就科技保险应当遵循的基本原则、被保险人的参保范围、缴纳保险费的原则和标准、获得优惠待遇的条件和标准、综合管理体制、科技保险的监督、法律责任等方面做出明确的规定，规范科技保险执行者的职责和投保人的权利义务。

第二节　科技型中小企业发展的金融管理体制

一、加强科技金融风险管理

从风险管理功能的角度看，科技金融就是要通过金融创新来优化风险收益结构，使科技型中小企业的融资需求与金融体系的资金供给相匹配。风险管理是现代金融体系的一项重要功能，在科技领域，风险管理对科技金融支持体系来说更为重要。由于科技创新过程中面临着很大程度的不确定性，科技金融支持体系在配置资金的过程中也面临着很大的不确定性。

（一）转变科技金融风险管理理念

传统的金融理念是厌恶风险的，特别是信贷资金运用要求安全性、流动性、效益性相统一，对科技金融业务中客观存在的较大信用风险是不能容忍的。在实践中，金融机构往往谈风险色变，一味地强调对风险的控制和削减，甚至简单地回避风险。这种理念的存在不利于科技金融的发展，是阻碍金融资本和社会资本更多地进入科技创新领域的因素之一。

我们加快推进科技金融发展，客观上要求改变传统的金融理念，采取积极的风险管理文化，适度放宽对科技金融的信用风险容忍度。这主要是基于对发展科技金融的风险和效益进行全面的比较得出的结论。第一，从经济社会发展的全局来看，尽管科技金融的信用风险较大，单从规避和防范风险角度出发，就会得出不发展或少发展科技金融的结论。但是，科技金融所支持的科技创新活动具有强大的正外部性，其产生的社会效益能够对一个地区乃至整个国家发挥积极影响。因此，政府应当从经济社会发展的全局出发，采取相关激励政策，支持和鼓励适度放宽对科技金融的信用风险容忍度。第二，从科技金融自身的运行规律来看，科技型企业实施的科技创新项目具有高风险、高收益的特性，通过采用适当的信用风险管理方法，可使一定范围内的科技金融投资组合所支持的科技创新项目具有较高的成功率，达到以成功项目的高收益来覆盖失败项目投入成本的效果。因此，金融机构等科技金融的主体也应当对其支持的科技创新项目容忍一定的失败比率。第三，从风险管理文化角度看，消极、简单地回避风险，并不能有效实现金融价值最大化。随着金融市场和现代金融理论的发展，人们越来越深刻地认识到，有效的风险管理不仅能减少损失，而且能为金融机构创造价值、实现价值增值。比如，金融机构通过对科技创新项目的支持，有利于挖掘和培育新的黄金客户和业务增长点。

适度放宽对科技金融的信用风险容忍度，具体体现在以下方面：第一，对金融机构而言，应当根据自身承受能力、经营管理水平和中长期发展战略等，在内部制定相对宽松的科技贷款等科技金融资产不良率考核指标，允许科技贷款等科技金融资产的不良率高于一般贷款和其他金融资产的不良率。第二，对科技贷款等科技金融资产增加计提拨备，放宽损失核销限制，简化损失核销手续。第三，政府对科技金融业务给予一定的财政补贴、风险补偿，以及通过政策性担保机构给予科技金融业务一定的担保支持等。①

（二）明确风险管理责任主体

科技金融在促进产业优化升级、增强国家自主创新能力和建设创新型国

---

① 汪泉，曹阳．科技金融信用风险的识别、度量与控制［J］．金融论坛，2014（4）．

家等方面发挥了重要作用，具有明显的正外部性。同时，社会主义市场经济的发展尚未成熟，科技金融风险相对较高，导致科技金融领域存在较严重的市场失灵现象。因此，至少在未来一段时期内，科技金融具有准公共产品的特征，迫切需要政府介入，即通过健全体制机制、进行风险补偿、完善金融监管等方式，着力规避、降低、分散、补偿科技金融风险，针对性解决相关市场失灵问题。

政府要应对科技金融创新风险，首先要通过科技与金融体制的改革，推动金融市场自发和有效地纳入科技创新，形成对科研成果产业化过程中各项风险的专业化管理和最优分担。除了基础研究等公共领域，政府应逐渐退出直接投资者的角色，为市场风险机制的发育挪出空间。从新公共管理的角度来看，政府在建设科技金融的过程中，其主要角色应该是"掌舵"而非"划桨"。① 因此，政府统筹构建科技金融风险控制模式应成为我国科技金融发展的着力点，以实现金融产品创新与风险防范相统一，分散金融机构的经营风险，从而提高金融支持科技创新的商业可持续性。

（三）选择科技金融风险管理路径

在风险识别和度量的基础上，风险管理的目标是选择合适的风险控制路径和方法，对金融机构面临的风险进行处理，将风险水平控制在可承受的范围内。就科技金融风险控制而言，可采取以下路径和方法。

1. 风险规避——提升金融机构风险管理专业能力

首先，建立科技金融专营机构。科技金融专营机构是指以科技型中小企业为主要服务对象，并相应实行专门的经营管理和考核评价机制的金融机构。科技金融专营机构可以是既有的银行、证券机构、保险公司等为服务科技型企业专门设立的分支机构，如科技信贷事业部、科技信贷支行、科技保险支公司等；也可以是为适应科技金融发展而专门设立的科技银行、科技担保公司、科技小额贷款公司等。科技金融专营机构的建立有利于实施风险规避，即在风险识别和度量的基础上，通过专业化的企业和项目筛选，有效地避开对某些风险的暴露。

---

① 汤汇浩.科技金融创新中的风险与政府对策［J］.科技进步与对策，2012（6）.

从实践情况看，当一个国家或地区的经济和科技水平发展到一定阶段后，在众多的科技型中小企业中，总会有一定比例的企业获得成功，对这样的企业给予金融支持，则风险小、收益高。然而，要把这些企业筛选出来，必须进行市场细分，采用专业调查和评估技术，这需要一定的交易成本。对于一般的金融机构而言，由于缺乏专业人员和专门技术，使得这样的交易成本过大，以至于经济上不可行。科技金融专营机构一般设在高新技术园区，贴近科技型企业，配备专业技术团队，采用专门技术，实行专门的经营管理和考核评价机制，因此在筛选科技型中小企业的过程中所花费的交易成本相对较小、成功率较高。比如，科技金融专营机构可以较为熟练地运用信用风险识别和度量的"SPECIAL"信用评价法，从而有效规避科技型中小企业的信用风险。

其次，加快科技型中小企业信用体系建设。政府需要进一步完善互联互通的科技型中小企业征信平台，组织建立科技金融信息数据库，并通过科技型中小企业征信平台整合和发布科技型中小企业、金融机构的相关信息，增进资金供给方和需求方之间的了解，顺利实现对接。此外，政府还要建立和完善科技型中小企业的信用评价体系，进一步健全企业信用信息共享机制；通过网络等公众信息载体，即时更新、发布企业信用信息，为科技型中小企业融资、担保、交易等提供有效依据；组织座谈会、研讨会，为科技型中小企业、金融机构提供深入交流和合作的机会；邀请相关领域的专家、学者，为科技型中小企业、金融机构提供咨询服务。

最后，尽快实现科技型中小企业生命周期服务链，适应科技型中小企业的阶段性发展特征。金融机构需要根据科技型中小企业的特点，改进经营准则和内控机制，制定适合科技型中小企业的风险评估方法和标准等；配备专业科研团队，采用专门技术，实行专门的经营管理、考核评价机制、监督机制等；对科技型中小企业的发展潜力、财务状况、技术水平、偿贷能力、项目优劣等进行评估，根据评估结果决定是否放贷及放贷方式、放贷规模等。此外，金融机构还需要尽快培养一大批既懂技术又懂金融的高素质人才，提高科技金融从业人员的风险意识和防范风险的能力。①

----

① 王仁祥，李雯婧. 科技创新因素耦合对科技金融风险的影响分析 [J]. 财会月刊，2016 (32).

2. 风险覆盖——开发适应性金融产品

开发适应性金融产品除了需要针对科技型中小企业的特点以外，还要体现收益覆盖风险的原则，即某个投资组合在一定时期内的总体收益可以弥补其中部分项目或部分时期的投资损失。科技型中小企业总体风险较大，但成功实现科研成果转化的企业也能够迅速成长、获得较高收益，从而为投资者带来丰厚回报。由于科技型中小企业所从事的科技创新活动的不确定性，投入科技型中小企业的金融资本和社会资本可能有一部分会遭受损失，有一部分会获得成功，如果从成功企业中获取的较高投资回报能够部分或全部覆盖对失败企业的投资损失，则科技金融活动就具有商业可持续性。金融机构在研究开发科技金融产品时应充分考虑这一要求，比如，推行与企业效益挂钩的浮动利率贷款，将科技型中小企业的贷款与其效益挂钩，当企业效益不好或没有效益时，执行较低的贷款利率或暂不付息；当企业成长较快、效益较好时，执行较高的贷款利率，逐步归还以往欠息，推行贷款加投资组合，在对科技型中小企业给予贷款支持的同时，也进行股权投资或获得在一定时期内的投资期权，以期在企业成功进入高成长阶段后能够获得较高的投资回报，据以弥补科技贷款不良率较高的损失。

3. 风险转移——发展履约保证保险和科技担保贷款

科技型中小企业尤其是处于种子期、初创期的科技型中小企业，由于创立时间短、有形资产少，企业的信用等级低，导致融资困难。面向科技型中小企业的履约保证保险和信用担保服务，作为传统的信用提升手段，也是风险转移方法，即通过履约保证保险和信用担保服务把金融机构承受的风险转移给保险公司或担保公司，这对科技金融的发展具有重要促进作用。政府将科技信贷与科技保险相结合，通过引入保险公司的保险机制，可解决科技型中小企业普遍面临的轻资产、担保难问题。科技型中小企业在与保险公司达成保险协议后，可在保险期限内根据自身的用款需求随时向金融机构申请贷款。与履约保证保险功能相似的是科技担保贷款，担保公司对金融机构做出承诺，对科技型中小企业提供信用保证，提高了企业融资的资信等级。科技保险、科技担保业务的发展能够有效转移金融资本和社会资本对科技型中小企业的投资风险，吸引更多的资金流向科技创新各阶段。

4. 风险分散——构建和发展多层次资本市场

目前，科技金融风险大以及风险分散和补偿机制的缺乏，影响了科技金融资源的聚集和发展，阻碍了科技创新活动的深层开展，进而成为制约国家创新战略实现的因素。假设科技创新活动蕴含的风险总量不变，那么承担风险的市场主体的多少就很关键，主体少则平均预期损失和成本就大，主体多则平均预期损失和成本就小，这种情况在科技创新活动中是较为常见的。具体而言，国家就是要发展多层次的科技资本市场，包括进一步完善股票市场、场外交易市场、债券市场、产权交易市场；建立健全科技贷款保险机制，设立贷款风险补偿专项基金，建立再保险和风险分散机制；进一步扩大有效担保物范围，拓展知识产权质押种类，搭建优质科技信贷平台等。①

资本市场对投资者不具有排他性，因此参与者众多，具有分散风险的功能。科技型中小企业一旦进入资本市场融资，就可以使早期融入的科技贷款和风险投资得以部分或全部退出，从而将原来由金融机构和风险投资者承受的科技型企业信用风险分散到众多的投资者之上。与风险投资者一样，资本市场的投资者特别是股票市场的投资者也属于风险偏好者，为了追求高额回报可以承受较大的风险。需要指出的是，虽然资本市场的投资者大多对投资损失具有较强的心理和经济承受能力，但也不能持续亏损。资本市场只有总体上能够为投资者带来一定预期回报，才能实现持续健康发展。

5. 风险补偿——政府优化公共资源配置

对科技金融活动给予适当财政补贴和风险补偿是各国政府的通行做法，即政府通过把公共资源向科技金融领域配置和倾斜，增强科技型中小企业的信用能力，减少金融资本和社会资本因支持科技型中小企业所承受的信用风险。这样做的必要性在于很多科技创新项目风险过大，超过了金融资本和社会资本的承受能力；可行性在于科技金融活动具有正外部性，能够产生良好的社会效益。政府的风险补偿措施包括：第一，公共支出。政府对金融资本和社会资本投资于科技型中小企业给予财政补贴、贴息、奖励等；政府也可以为科技型中小企业提供公共实验室、技术平台、孵化器和厂房等公共物品或准公共物品，以提高科技型中小企业的抗风险能力。第二，税收调节。政

---

① 张博特，王帅. 科技金融创新的理论探讨［J］. 科学管理研究，2014（6）.

府对金融资本和社会资本投资于科技型中小企业，通过实施相关优惠税率、税前扣除、增加计提拨备等政策，给予刺激和鼓励。第三，财政存款支持。财政存款规模较大、稳定性较强，是商业银行竞相争取的对象，通过实行财政存款与科技贷款挂钩的办法，激励商业银行向科技型中小企业发放贷款，其实质也是一种风险补偿。[①]

二、　改善科技财政投入机制

创新财政科技投入方式，既是公共科技产品供给方式变化的理念渗透，科技活动的复杂性、开放性不断增加的内在要求，又是改进创新资源配置的外在需求，更是资金链、创新链与产业链协同发展的客观需求。推进科技金融发展的财政体系建设，重点在于创新财政资金运行机制、完善财政支持的社会化服务体系。为了使财政科技投入更有效地促进技术创新，政府有必要采取如下措施。

（一）加大财政科技投入力度，构建多层次投入体系

我国由于财政科技投入的相对量不足，须进一步加大财政对科技支持的力度，增加财政科技投入，实现财政科技投入稳定增长。一方面，政府争取做到国家财政科技投入占 GDP 的比例逐步接近科技发达国家水平；另一方面，在财力许可的范围内，按照高于经常性财政收入增幅的要求安排科技经费或者保持某一比例，达到甚至超过法定增长的有关要求，使财政科技投入占国家财政支出的比例逐年增长。

然而，单纯依靠政府增加财政支持力度不足以盘活科技金融市场，我国需要通过财政支持引导不同类型金融服务机构的创设与发展，吸引更多的投资主体，构建多元化科技投入新体系。一是以注资方式吸引民间资本共同创设科技银行、产业投资银行、信用担保基金等，以公共资本撬动民营资本，放大对科技型企业的投资能力来满足科技型中小企业发展的融资需求。二是鼓励金融产品创新，通过创新金融合约，提供多样化、可拆分细化的交易产品，满足科技金融资本的双方多样性的利益需求，提升市场交易的活跃度和

---

① 汪泉，曹阳. 科技金融信用风险的识别、度量与控制 ［J］. 金融论坛，2014（4）.

流动性。三是通过政府采购对科技型中小企业技术创新与推广提供收入保障，间接降低金融机构为其提供个性化服务的业务创新风险；对积极开展金融服务创新的金融机构给予风险损失补偿，部分覆盖金融机构的服务创新成本，对科技金融创新的个人给予财政奖励。①

（二）厘清各类财政科技投入方式的适用范围

直接资助尤其全补助等方式主要适用于基础性和公益性研究，以及重大共性关键技术研究、开发、集成等公共研发活动。股权投资着力满足高风险、高收益科技型中小企业的融资需求，并通过合理的制度安排鼓励投资前移，重点投资处于种子期、初创期的企业；同时着力于重点产业培育，并主要投资于创业期后期，支持相对成熟的企业扩大规模。金融引导主要适用于具有明确的、可考核的产品目标和产业化目标、边界清晰的研发项目和创新企业。税收优惠可适用于所有创新创业主体，尤其是注重对科技型中小企业的培育。②

（三）优化财政科技投入结构，增加基础研究投入

由于不同的技术创新阶段（基础研究、应用研究、试验发展）得到的创新成果（基础研究知识、共性技术知识和专有技术知识）的外部性和非排他性程度不同，政府对技术创新的不同阶段应分别给予不同的支持：技术创新成果的外部性越大，意味着排他性成本越高，政府支持力度也应越大，即政府应当实施差异化的研发资金投入政策来实现财政性物质资本投入的效用最大化。所以，在加大财政科技投入总量的同时，政府还要注意增加对基础研究的资金投入，并重点扶持应用研究中属于科技前沿领域的项目，做到资金投向合理、结构优化，确保基础研究、应用研究和试验同步协调发展。③

---

① 战昱宁，赵玲．促进科技金融发展的财政体系研究——以杭州为例［J］．公共财政研究，2017（1）．

② 张明喜．再论财政科技经费投入方式创新［J］．科技管理研究，2016（5）．

③ 曹坤，周学仁，王轶．财政科技支出是否有助于技术创新：一个实证检验［J］．经济与管理研究，2016（4）．

（四）重视财政科技投入方式的综合运用

从国际经验来看，大都采用市场化的运作机制弥补"市场失灵"，如美国小企业管理局实施的 7（a）贷款、504 贷款、小微贷款、SBIR（小企业创新研究计划）等，都是通过引导带动银行、风险投资等各类社会资本。SBIR 管理采取了分阶段的支持方式，以提高财政资金竞争性分配效率。我们建议借鉴国际经验，加强对财政科技经费支持方式的研究，分阶段、分周期引入竞争机制，综合采用无偿资助、引导基金、风险补偿、融资担保等多种支持方式，保障科技创新投入的连续性，提高科技创新领域对社会资本的开放度。特别是，我们应注重财政科技直接投入与间接投入的配合，加强财政科技投入与知识产权、人才培养、政府采购等的衔接，在深化供给侧结构性改革的同时注重巧妙运用需求侧政策。①

（五）加强财政科技经费的精细化管理

就财政科技经费使用而言，我们在创新多元化投入方式的同时，一定要同步建立相应的管理运作制度。也就是说，财政科技投入方式的创新应与管理改革联系起来，建立高效的管理平台和协调机制，优化资源配置，使财政科技投入效益最大化。

第一，加快改革财政科技投入的预算管理体制。我们应摒弃原有的"基数加增长"方法，下一期支出预算应该以上一期财政资金的使用效率作为主要衡量标准，例如可以用上一期单位经费投入的专利申请（授权）量指标作为下一期预算的参考标准，确保财政性创新活动协调经费在不同创新主体间分配合理、使用高效。

第二，完善财政科技经费的监管和问责机制。政府在进行财政科技投入过程中应对科研课题及经费的申报、评审、立项、执行和结果的全过程建立严格规范的监管制度；同时建立财政科技经费的绩效评价体系，明确绩效目标及考核标准，并建立完善的问责机制。政府通过上述机制的执行，准确把握创新主体的创新动态，杜绝与技术创新无关的经费支出及寻租行为，确保

---

① 张明喜. 再论财政科技经费投入方式创新［J］. 科技管理研究，2016（5）.

财政科技经费在不同阶段、不同领域、不同主体间的合理分配，提高财政科技经费的使用效率。[①]

第三节　构建创新型中小企业发展的金融创新体系

一、　金融组织创新

建立和完善多种金融组织，是根据技术创新规律，对金融机构进行设计和优化，以更好地履行其服务技术创新的金融职能。科技创新的金融组织创新主要从以下方面考虑：

第一，建立政策性金融机构。由于技术创新的外部性和高风险性，科技创新的推进容易出现资金供给的"市场失灵"。因此，政府需要创新金融组织，通过建立政策性金融机构，弱化投入科技创新中金融资本的逐利性，为科技创新提供政策性支持。建立政策性金融机构的主要途径有：一是创建地方性的政策银行，为科技创新提供期限长、利息率低的政策性信贷资金；二是创建政策性投资开发公司，以政府性资金为主体，通过股权多元化，鼓励社会资金积极参与；三是创建政策性担保或保险公司，为上述领域的投资提供风险担保，吸引社会资金参与创新型中小企业。

第二，设立创新型产业投资基金。创新型产业投资基金是通过借鉴西方发达市场经济国家规范的投资基金运作形式发行基金券，将投资者的不等额出资汇集成一定规模的信托资产，交由专门投资管理机构直接投资于特定产业的未来上市企业，并通过资本经营和提供增值服务对融资企业加以培育，使之相对成熟，以实现资产增值、利益共享、风险共担的一种金融投资形式。创新型产业投资基金能够较好地满足技术创新型中小企业在资本支持和经营管理服务上的双重需求，是支持技术创新和创新成果产业化、提高产业领域的科技含量、实现经济集约化发展的一条有效途径。

---

① 曹坤，周学仁，王轶. 财政科技支出是否有助于技术创新：一个实证检验［J］. 经济与管理研究，2016（4）.

第三，组建高科技产业投资公司。高科技产业投资公司可以将非正式的民间资本集中起来，将其转变为正式的"金融中介"融资的过程，而这一过程无论对创新型中小企业的发展，还是对市场金融体制的建立与完善都具有重要意义。

第四，建立健全科技银行专营体系。科技银行的科技贷款是一个涉及多领域、多行业的贷款业务，对专业的要求门槛比普通贷款高。科技银行通过设置创新型中小企业融资服务的专业部门，在高新技术集聚区域设立科技支行，从上至下进行垂直管理，待业务发展成熟后可以考虑在专业部门的基础上组建独立的事业部。另外，人才已成为制约科技贷款发展的关键因素，需要既懂专业又懂金融知识的复合型人才对科技贷款项目进行评估、筛选并能对风险进行有效控制。培养专业人才是最有效的解决方法，应通过与高校或专门培训机构合作，有针对性地通过多种途径培养多层次的科技贷款人才，解决人才短缺问题。

二、　金融市场创新

由于我国主板市场过高的准入门槛，大多数中小企业若想通过在主板市场发行股票、债券融通资金仍具有一定困难。因此，须通过建立多层次的金融市场，形成合理、完善的金融市场结构，为推动中小企业技术创新提供充裕的资金支持和监督评价机制。

第一，区域性小额资本市场。区域性小额资本市场主要为达不到进入二板市场资格标准的中小企业提供融资服务，包括为处于初创期的中小企业提供权益性资本。区域性小额资本市场主要集中闲散的社会资金，既可以为中小企业提供资金来源，又可以为风险投资提供多种退出方式。

第二，企业债券市场。对于技术创新型企业，债券融资不仅可以改善企业财务状况和资本结构，获得财务杠杆利益，还可以促使企业形成良好的治理结构。同时，发达的债券市场还可以为不能上市的中小企业和高新技术企业提供资本市场融资渠道，提高企业的再融资能力。

第三，技术产权交易市场。技术产权交易市场是为中小企业的科技项目、科技型中小企业和成长型企业提供技术转让、产权交易和股权融资等服务的专业化、非公开权益资本市场。其主要功能包括三方面：一是创业者的资本市场，即为科技型中小企业、成长型企业以及高科技成果转化项目提供融资的市场，并为创业（产业）投资基金提供私募场所，促进技术与资本的高效融合。二是风险资本的退出市场。由于市场规模的限制，每年能够在主板和中小企业板上市的企业极为有限，更多的科技型中小企业需要通过高新技术产权交易所来实现风险资本的退出与流动。三是服务功能，即为风险资本进行股权转让建立良好的服务平台，该平台包括信息的沟通、交流以及为股权转让提供所需的中介服务，如法律、会计、咨询、审计等。

三、 金融业务创新

基于技术创新具有高投入性、高风险性等特点，因此，我们应设计有别于传统产业的业务管理方式，以使银行机构能够有效满足循环经济企业的资金需求。

第一，资金供给方式。条件相对成熟的循环经济体系中的资源与产品具有封闭性特点，而当前金融机构信贷投放中的"核定发放、到期收回"的固定模式显然与之不适应，不能实现封闭循环，同时降低了资金使用效益。除当前小额贷款的"一次核定，周转使用"模式外，金融机构对有条件的目标客户，可在深度调研和科学计算的基础上，突破固定时间限制，实行贷款"资本化"或"放本取息"等无期限循环贷款供给方式，以提高资金效率和盈利水平。

第二，担保和抵押方式。科技创新型企业大多是中小企业，其经营规模小、资金实力弱，很难达到银行信贷中通常所要求的实物资产抵押、担保。因此，对于循环经济的科技创新型企业，银行应允许其用无形资产进行抵押和担保，如企业的自主知识产权、高新技术成果、产品品牌、预期收益等无形资产。企业也可以用期权、回购、入股等进行反担保或反抵押。若到期企业无力还贷，银行则可将上述无形资产进行拍卖或转让。

第三，风险评估方式。循环经济产业有其特殊的"3R"经营原则，主要以推行清洁生产、节能降耗以及企业能源和资源的再利用为核心。因此，商业银行在发放贷款时，应把节能降耗、资源循环利用、污染物排放等指标纳入循环经济贷款、投资和风险评估体系。

第四，业绩评价方式。支持循环经济的商业银行在资金投入方面具有专业性较强、风险较大、管理难度大、管理成本高等特点，因此，商业银行应从信贷结构、营业收入与利润结构、费用结构等着手，把支持循环经济的因素列入商业银行的业绩评价体系。同时，对于支持循环经济的商业银行，国家可以在营业收入的税收上给予优惠倾斜，以降低循环经济生产的资金经营成本。

第四节　构建创新型中小企业的风险投资体系

一、　加强政府出资引导

政府适当出资参与风险投资有其合理性：一方面，高科技企业的研究与开发投资所产生的效益往往超过企业和投资者自身所获得的效益，产生巨大的社会效益，即"溢出效益"，理应得到政府的资金支持和引导；另一方面，在风险投资发展早期，由于风险投资的高风险性、长期性和复杂性，往往使社会资金不敢进入，政府出资既能在一定程度上满足高科技企业的资金需求，又能对社会资本参与风险投资起到示范和引导的作用。出资设立风险投资引导基金（母基金）是政府适当参与风险投资的一种重要形式。[①]

在风险投资的筹资机制市场化导向创新中，政府应扮演制度供给者的角色。如制定风险投资活动参与者的税收优惠和补贴政策，提供信用担保、政府采购、种子资金、市场准入等政策，建立完善包括风险投资、知识产权、公司法、金融法等在内的法律法规体系，营造风险投资发展的良好制度环境。

二、　放开机构投资者参与

目前，国家明令禁止银行、保险、养老基金等机构投资者参与风险投资。但从长远来看，随着机构投资者积累的基金规模越来越大，在保值增值的压力下，寻找新的增长点成为必然。而在美国等现代市场经济国家，这些机构投资者早已成为风险投资的主体。因此，借鉴国外风险投资发展的成功经验，

---

① 刘复军. 我国创业风险投资运行机制分析［J］. 时代金融，2015（4）.

政府在遵循审慎和保值增值的原则下，可以在适当时候考虑放开和引导银行、保险、养老基金等机构投资者适度参与风险投资。例如可以考虑先对这些机构投资者参与风险投资设定一个最高限额（如不超过5%或1%），允许从其自由资金中划拨少部分参与风险投资活动，取得经验后再逐步放开。

许多业绩良好的上市公司和企业集团面临着进一步发展和二次创业的问题，风险投资为这些企业提供了一种新的资本运作模式，是产业资本寻求新的经济增长点、拓宽经营领域、提高企业研发和自主创新能力、向高科技产业发展的有效途径。而且，它们参与风险投资也有一定的优势：第一，这些企业的资金实力雄厚且具有较强的承受投资风险的能力。第二，在很多情况下，从事风险投资的企业本身就是高科技产品的主要用户，这可以大大降低创新产品的试销成本和市场风险，提高风险投资的成功率。第三，这些企业本身一般具备一定的研发能力，从事高新技术产业的风险投资，有利于降低风险项目筛选和评估的难度。第四，现行政策支持企业集团进行试点，一旦高科技产品开发成功，形成优质资产，企业集团就可以方便地将优质资产转入上市公司（许多企业集团都拥有控股的上市公司），兑现投资收益。因此，应适当调整和完善相关法规政策，制定和出台有关的鼓励性措施，进一步鼓励和引导上市公司、企业集团参与风险投资。

三、 积极引进国际风险资本

国际风险投资是知识经济时代对外投资的一种新形式。近年来，国际风险资本已经看到了中国高科技产业的巨大市场潜力，开始介入中国风险投资市场。我国引进国际风险资本，不仅可以增加我国风险资本的供给，而且可以带来国际风险投资的管理经验，能够迅速培养和造就一批优秀的风险投资管理人才和创业人才。因此，我们有如下建议和设想：建议放开国际资本进入我国风险投资领域的限制，积极吸引国际资本进行风险投资；建议政府发挥积极引导作用，加大宣传力度，吸引国际资本进入风险投资领域；建议尽快研究制定出台吸引、扶持国际风险投资企业落户、发展的具体政策；对风险投资项目产品优先列入政府采购目录，推动风险投资科技项目的转化和产业化；对外资风险投资机构实行包括优惠税率、税收奖励返还等优惠政策，提高外资风险投资机构发展的积极性；设立风险救助金制度，加大对风险投资机构的风险补助力度，利用政府资金向风险投资机构提供投资亏损补贴、技术开发补贴、匹配补助金等无偿补助；设立创新投资贴息资金，对创业投资和风险投资基金所投资的项目申请贷款实际付息额的50%～70%给予贴息支持；对投资早期孵化项目提供房屋、土地等相关配套，免征其营业税等。

四、　健全风险投资的组织运行机制

风险投资的组织运行机制是风险投资主体的治理结构和风险投资活动的管理运作机制，由此将信息、技术、管理、资金和人才有机结合起来。具有代表性的风险投资组织运行机制包括有限合伙制、公司制和信托基金制，其中有限合伙制在现代市场经济条件下与风险投资活动是最为匹配的、效率最高的。有限合伙制也是我国风险投资组织运行机制创新的目标。

有限合伙制的合伙人分为两大类：有限合伙人和普通合伙人。有限合伙人通常是养老基金、人寿基金、共同基金、大企业以及外国投资者等，负责提供投资资金的主要部分（约99%），不从事具体经营管理，承担有限责任。普通合伙人一般是由风险投资公司的经理人（风险投资家）来担当，仅投入约占总额1%的基本资金，而主要以科技知识、管理经验、金融特长等作为投入，承担无限责任，并负责具体经营。至于报酬、存续期以及其他有关权限的分配问题则由双方协商签订的合伙协议确定。对于投资收益，普通合伙人一般分配20%，有限合伙人分配80%，普通合伙人每年可从有限合伙人处得到相当于投资本金2%左右的管理费。此外，普通合伙人不能在有限合伙人收回其投资本金之前得到分红份额。有限合伙制的存续期限为一个投资契约年（一般在十年以下）。

有限合伙制之所以运作效率最高，其根本原因在于有限合伙制及其相关配套法律制度（主要是有限合伙法和税法）在运营成本、代理成本和激励机制上做出了独特的安排，使委托—代理制度较其他组织形式而言更加完善，最大限度地降低了投资运作中的信息不对称问题，并给予委托代理双方以足够的激励，从而有效地解决了风险投资中的委托—代理问题，使有限合伙制在管理模式和运行机制上的优势更加突出。[①]

---

① 刘复军. 我国创业风险投资运行机制分析［J］. 时代金融，2015（4）.

五、 完善风险投资的退出机制

目前我国创业风险资本的退出渠道狭窄，存在的退出方式也有不尽人意之处，这极大地限制了创业风险投资行业的发展。因此，我国应完善风险投资的退出机制，打造以并购退出为主，新三板转上市为辅的退出格局，为此提出以下对策：

第一，调整 IPO 退出的比例。IPO 市场在我国虽然起步晚，但由于近几年私募股权投资市场异常火爆，这一退出市场日臻完善，然而对于 IPO 这一退出方式的过度依赖，使得创业风险投资退出日益艰难，将来应开拓多元化的退出渠道，规避单一退出渠道带来的巨大风险。[①]

第二，积极推动并购退出方式的发展。在美国，风险投资成功退出风险企业，90% 以上靠的是大公司的并购，仅有不到 10% 的风险企业实现了 IPO；而在中国，风险投资则以上市退出为主，并购退出为辅。随着中国经济的快速发展，以及多层次资本市场的逐渐完善，并购退出应逐渐成为风险资本退出的主流方式。为此，我国政府应在企业并购政策法规方面采取以下完善措施：一是建立并购交易法律体系。我国应尽快制定一部全国性的产权交易法，建立全国统一的产权交易标准和有效的监管体系，并结合《中华人民共和国公司法》《中华人民共和国证券法》《中华人民共和国税法》等法律法规中关于并购交易的规定，制定一部专门的兼并收购法，规范并购程序与方法，推动并购交易有序进行。同时，应健全和完善其他并购交易相关配套制度。例如，尽快完善《中华人民共和国税法》《中华人民共和国劳动法》《中华人民共和国社会保障法》等法律中的相关条款，作出明确、细致、具体的规定。二是完善并购优惠政策，丰富并购融资渠道，发挥市场机制作用。应适当降低风险投资并购退出所得税税率或者给予适当的税收减免；应放宽政策范围，降低并购贷款利率，同时应给予并购市场主体一定的自主权，允许企业发行并购专项债券，拓宽并购融资渠道，合理运用金融杠杆；对于并购交易应缩小审批范围，减少审批手续，简化审批流程，将市场化的交易行为还给市场。

第三，完善新三板转板机制。目前的新三板被定位成全国性的场外交易

---

① 肖青松. 创业投资的退出风险研究 [J]. 知识经济, 2015 (12).

市场，在多层次资本市场中的地位仅次于创业板。转板是指在股权系统挂牌的公司申请在深圳证券交易所中小板市场、创业板市场挂牌可以享受绿色通道，排除长时间排队的困难，适当降低门槛。《中华人民共和国证券法》欠缺对多层次场外交易市场的整体设计，缺乏场外交易市场和场内交易市场之间转板机制的规范与具体实施规定。因此，我国需要重点根据多层次资本市场间通道的设计对《中华人民共和国证券法》进行修改和完善。

第四，进一步细化创业板，将其分为精选市场、全国市场和小型市场。不同的市场对股东人数、市值、财务、流通性、公司发展历史等方面都有完全不同的要求，满足风险投资的不同企业类型。很显然，精选市场的标准在财务和流通性方面的要求高于其他市场，能进入这个市场的应当都是非常优质的企业。

第五，完善场外交易市场。构建类似于美国 OTCBB 市场的场外交易市场。OTCBB 市场针对的是不能或者不愿意在其他市场交易的证券。与 NAS-DAQ 市场相比，OTCBB 市场没有上市标准，不需要在 OTCBB 进行登记，只需要在 SEC 登记、经 NASDAQ 核准挂牌后，企业按季度向美国证券交易委员会提交报表就可以上市了。整个挂牌审批时间较短，并且上市费用非常低，也无须交纳维持费。可以看出，OTCBB 市场的成立就是为了那些零散、小规模的企业。当然，在 OTCBB 上报价的公司只要其股东超过 300 名、价格维持在 4 美元左右、净资产为 400 万美元以上，就可以申请转移到 NASDAQ 的小型资本市场。而那些因经营业绩下降需要进行业务重组的公司将会从 NAS-DAQ 降级到 OTCBB 市场。这些规定都为风险投资退出提供了更多的选择方式。

第六，建立全国统一的产权交易市场，制定适用于全国的产权交易规则。各地也要推动地方产权交易市场改革，明确市场定位、性质和功能，避免产权交易机构多头管理，创新制度建设，保障配套措施，完善风险投资退出渠道。我国通过完善技术市场法律法规体系，加强技术市场的规范与管理、技术转移机制，构建高效的技术转移通道，逐步建立技术市场的信用体系，保障交易人的权益，完善技术市场的建设。而且，我们要充分认识到高新技术产业为风险投资提供了良好的市场资源，而灵活多样的退出机制又为高新技术产业的流动性提供了基本保障。我国支持和鼓励高新技术园区进入代办股份转让系统扩容试点，探索在现有产权交易市场的基础上建立专业性的风险投资股权交易市场，鼓励建立私募股权交易所，拓宽风险投资退出渠道。

六、 改进风险投资的扶持保障机制

第一，通过间接扶持政策，实现风险投资扶持机制由政府直接出资参与风险投资向政府间接引导社会资金参与风险投资转变。与风险投资筹资机制相似，政府在扶持机制的定位上也是通过各种方式和政策进行间接的引导：一是充分发挥税收优惠政策对风险投资者和风险投资机构的双重激励作用；二是借鉴国际通行的引导基金（母基金）模式，为商业性风险投资机构的设立提供参股支持；三是通过政府信用支持和担保，提高风险投资机构获得信贷和债券的杠杆融资能力，进而提高其投资能力；四是政府可考虑设立风险投资损失补偿基金，对风险投资机构的投资损失给予适当比例的风险补偿，但主要投资损失仍须风险投资机构自己承担。①

第二，建立完善法律和行业自律相结合的保障机制。创业风险投资的健康发展需要法律和行业自律相结合的保障机制，而不是行政手段的直接干预。我国于2003年出台了《创业投资企业管理暂行办法》，但还未真正建立适应我国风险投资实践的完善细致的法律体系，需要进一步修订《中华人民共和国公司法》《中华人民共和国合伙企业法》《中华人民共和国证券法》等相关法律中不利于风险投资健康发展的相关内容，同时进一步完善包括《中华人民共和国专利法》《中华人民共和国著作权法》等在内的知识产权保护的相关法律，适时出台风险投资法等专项法律，为我国风险投资的发展营造一个良好的法律保障环境。此外，我国还需要结合风险投资的行业自律，进一步完善其制度、体系和协会章程等，同时，进一步明确职能定位和服务范围，从而更好地促进风险投资机构、管理顾问咨询公司、政府机构和其他社会中介机构间的信息沟通与合作，为风险投资的发展提供更好的软保障。

第三，加强创业风险投资行业专业人才培养。专业人才是推动创业风险投资行业快速发展的重要因素，优秀的创业风险投资人不仅要懂得资本运作、企业管理，还需要掌握高新技术方面的知识，创业风险投资团队则需要金融、

---

① 刘复军. 我国创业风险投资运行机制分析［J］. 时代金融，2015（4）.

管理、会计、营销、法律等跨领域的高级复合型人才，为被投资企业带来专业的辅助管理和增值服务。我国可以结合国情开展具有特色的相关课程与培训，引进发达国家的先进投资理念和高素质人才，制定吸引与鼓励人才的优惠措施，来推动创业风险投资人才的培养。①

第五节　建立和完善多层次科技资本市场体系

一、　确立多层次资本市场体系中各层次的具体定位与功能

我国现有的资本市场体系虽然自身也带有一定的层次特性，但是各个层次之间的角色定位并不清晰，相互的具体作用与职责也划分不清，使得实际上资本市场体系的多层次特点成为摆设，难以有效发挥其资本市场体系的融资作用。因此，我们需要首先确立各层次资本市场的具体定位与功用。②

（一）主板市场的定位

主板市场层次是指以上海、深圳证券交易所为基础组成的市场资本结构，与世界其他资本市场体系相比，我国多层次资本市场体系中主板市场依然是最主要、地位最高的层次，适合正处于成熟期发展阶段的企业在其市场中做融资筹集工作。同时，该层次也适合各类股权、基金与风险投资进行投资上市退出，规避资本风险。

（二）二板市场的职能

多层次资本市场体系中的二板市场层次，主要涵盖中小板市场与创业板市场两大类。中小板市场主要是为各类先进、发展迅速的中小企业提供相应的资本交易与融资服务，进入门槛相比主板市场更低，便于中小企业有效参与。创业板市场的服务对象则为具备较高创新技术与发展潜力的中小企业。

---

① 许兴.我国创业风险投资发展现状与政策建议［J］.中外企业家，2017（1）.
② 韦茜.基于中小企业融资难题的多层次资本市场体系建设［J］.经济研究导刊，2017（3）.

两者所构成的二板市场层次的作用，总体定位为给各创新型中小企业提供融资途径。

（三）场外交易市场的作用

场外交易市场中新三板市场层次的作用，主要是为各类达不到前两类市场进入门槛的中小企业提供相应的融资服务，解决资金缺乏的问题，促进企业发展。因此，新三板市场是构建多层次资本市场体系所必要的潜在投资领域，能培养未来成为融资主体的中小企业，因此适合在本市场层次中进行风险投资。区域性股权交易市场则是为制定区域内的企业提供股权、债权交易转让服务的市场层次，该层次是为应对企业民间募资困难、利率较高问题专门开设的私募市场领域。

二、 完善多层次科技资本市场的制度设计

目前，我国已经初步建立了多层次的科技资本市场，创业板平稳推出，新三板市场也已经搭建起来，能够满足不同类型和不同发展阶段高新技术企业的融资需求。但是，尽管多层次的平台已经建立起来，相关的配套制度建设却仍滞后于市场的发展。因此，优化多层次科技资本市场，首先必须从制度层面进行完善和创新。

一是修订审核制度。我们应转变原有的审核理念和审核方式，结合高新技术企业经营风险大、以技术为核心竞争力等发展特征，将审核重点转移到企业的经营管理上来，而不是单纯通过盈利前景判断一个企业质量的好坏。现实选择是可以在科技资本市场的发展初期采取审核制的方法，以规范企业行为。随着科技资本市场市场化程度的不断深入，采取股票发行注册制，除了对企业的申报文件进行审查，事先不对企业进行其他审查，通过对企业今后一段时间的经营状况进行考察，以决定其融资申请。这种制度的优点在于能够充分发挥市场机制对资源进行配置，通过企业在前期经营过程中的信息披露形成一个价格判断机制，使交易价格与发行价格有效衔接起来。[①]

二是完善交易制度。我们主要针对场内交易市场与场外交易市场的划分

---

① 麦均洪. 我国多层次科技资本市场的重构与对策研究 [J]. 宏观经济研究，2014 (11) .

而设定不同的交易制度，在沪、深证券交易所内仍采用现行集合竞价、连续竞价的交易制度，在场外交易市场则加快做市步伐，提高场外交易市场的交易活跃度，在更低层次的市场也可采用一对一的谈判定价。这类市场交易形式将能有效地提高场外交易市场中资本、股权投资的效率，促进并提升市场资本的流动性，以此改善场外交易市场中部分规模较小的领域和企业中交易双方信息与供需要求不对称等问题。①

三是完善转板和退市机制。多层次科技资本市场的发展，也应当在不同层次的市场之间形成一个完善灵活的转板和退市机制。一方面，我们可以打通场内场外交易市场壁垒，形成统一、多层次、开放的市场体系，降低企业挂牌上市门槛，提高新三板、区域性股权交易市场对高新技术企业挂牌的吸引力，把场外交易市场建成战略性新兴产业的孵化器和主板、中小板、创业板等场内交易市场的蓄水池；另一方面，我们通过严格执行升降级和退市制度，可以保障市场优胜劣汰机制有效运行，塑造资本市场价值投资理念，促进其健康发展。

四是完善信息披露制度。信息披露制度是科技资本市场监管的一个重要内容。只有在保证高新技术企业能够真实有效地披露其经营信息的前提下，才能控制科技资本市场的运营风险，保证科技资本市场的良性运行。对于场内交易市场（如创业板市场）而言，可以采取强制性信息披露和自愿式信息披露的方式。强制性信息披露通过立法形式明确高新技术企业信息披露的权利和义务，并根据其特点和相关资本市场的特征，制定一个详细的信息披露监管框架。与此同时，还可以通过激励形式促使高新技术企业自愿进行信息披露，并通过引入相应的中间担保机构，辅助鉴定信息的质量和真伪，引导科技资本市场的自愿式信息披露。对于新三板市场及其他场外交易市场而言，信息披露制度首先必须与挂牌公司的特征、场外交易市场的其他制度以及相应的监管模式相适应，从信息披露的内容、范围、方式、时间等层面进行详细规定，也可以采取强制性信息披露和自愿式信息披露两种不同方式。②

---

① 韦茜. 基于中小企业融资难题的多层次资本市场体系建设 [J]. 经济研究导刊，2017（3）.
② 麦均洪. 我国多层次科技资本市场的重构与对策研究 [J]. 宏观经济研究，2014（11）.

三、 完善多层次科技资本市场的具体措施

（一）进一步简政放权，充分激发市场活力

政府应当厘清政府行为和市场行为的界限，改变资本市场监管机构当前管理越位、监督缺位的现象，回归监管者的本位，从注重事前审批向注重事中、事后监管转变，将市场能够解决的尽快还给市场。现阶段政府更多承担的是制度设计者和改革主导者的角色，基于宏观视野为多层次科技资本市场的发展指明路径，是科技资本市场向市场化转型的催化剂。而在科技资本市场转型不断深入的过程中，政府的作用逐渐被弱化，其角色应当被定位为一个仲裁者，即通过不断完善各类法律和制度，为科技资本市场的进一步发展和创新搭建一个平台并提供资源支持，让市场在资源配置中发挥决定性作用，充分激发市场参与主体的活力，利用市场规律促进发展，增强经济社会发展的内生动力。

（二）促进科技资本市场产品创新和设计多样化

多层次的科技资本市场需要多样化的科技金融产品与之相适应，因而科技金融产品的创新和设计也应当是科技资本市场重构所包含的内容。例如，发行科技创新券，高新技术企业事先获得政府补贴以满足其融资需求，而在事后政府采取政府购买方式从投资者手中购回科技创新券，从而提高各级政府及财政部门财政资金投入的有效性，推进市场对资源的配置，促进高新技术企业资源的有效整合。又如，发展股权质押贷款，通过科技资本市场上的投资主体承担担保人的角色，以高新技术企业提供的股权作为质押保证，在银行和高新技术企业之间形成一种借贷关系。除此之外，还要结合不同类型高新技术企业的特征和科技资本市场的发展现状，设计推出其他科技金融产品，通过产品创新促进科技资本市场的发展和转型。①

（三）积极发展债券市场，推动私募债券市场的发展

在高新技术产业继续推行公司债和企业集合债的基础上，我国进一步加

---

① 麦均洪. 我国多层次科技资本市场的重构与对策研究［J］. 宏观经济研究，2014（11）.

强对科技资本市场中债券市场的建设和制度改革推进，完善债券产品的发行机制。针对科技型中小企业存在的融资困境，多层次资本市场体系在建设进程中应加快对中小企业私募债券监管体制的研究和探索，可以根据需要设立私募债券市场，鼓励资本市场对债券融资工具的创新。虽然债券作为一种直接融资方式能够为企业融资服务，但由于其较高的准入门槛和复杂的办理手续，将一些急需资金的企业拒之门外，使这些经济实力较差的中小企业难以进行高效率、低成本的融资，而私募债券市场的建立，能凭借其无须审批、借贷还款期限较长的优势，为中小企业的融资活动降低成本。[①]

（四）加快多层次场外交易市场的改革

场外交易市场被称为上市企业的一个"蓄水池"，因而我们要通过对场外交易市场的改革和功能发掘，拓展科技资本市场的发展空间，在为高新技术企业提供更为多样化的融资选择和融资平台的同时，也能为不同类型的投资者提供更多的投资选择。

一是打造新三板市场全产业链模式。当前在新三板市场建设中，各地仅是在促进的企业挂牌方面发力积极，但新三板市场并非简单的企业挂牌，而是在于打通多层次股权交易市场间的有机联系，提供从挂牌前的风险投资，到挂牌后的做市、再融资、并购重组，再至转板的全方位服务，即全产业链模式。

二是加快发展区域性股权交易市场。作为多层次科技资本市场的有机组成部分，区域性股权交易市场可以有效改善区域内高新技术中小企业的投融资环境，建立支持各类社会资金投资高新技术企业的顺畅通道，缓解企业的融资难问题。下一阶段，各地要积极借鉴上海、天津等地的成熟做法，加大政策扶持与创新力度，积极吸引优质企业尤其是贫困地区的优质企业开展股权托管和挂牌转让。

三是规范发展风险投资基金。完善相应的法规和政策，建立公平竞争的制度环境，引导风险投资行业健康发展。拓宽风险资本的来源，在设立政府创投引导基金的基础上，积极发挥政府资金对风险投资的引导和带动作用。

---

① 韦茜. 基于中小企业融资难题的多层次资本市场体系建设 [J]. 经济研究导刊, 2017（3）.

完善风险投资的退出机制，为风险投资提供更多的灵活退出的渠道。①

（五）加大资本市场执法力度

我们要进一步加大对资本市场中违法犯罪行为的打击力度，重点对欺诈上市、内幕交易等违法犯罪行为进行查处和惩罚，维护市场公平秩序，保护广大投资者根本利益。我们要进一步推动资本市场诚信体系建设，加强对资本市场及其参与者的监管，规范并加大信息公开披露的力度和要求。我们要及时启动集体诉讼制度、民事赔偿制度，加强对中介机构管理和失信惩罚机制等相关法律法规的制定或修改，加大对参与主体失信行为的处罚力度，不断提高失信成本和代价，建立良好的信用环境。②

（六）开放股权众筹融资

2019年1月24日，《中共中央、国务院关于支持河北雄安新区全面深化改革和扩大开放的指导意见》（简称《意见》）明确指出，要有序推动金融资源集聚，研究建立金融资产交易平台等金融基础设施，筹建雄安股权交易所，支持股权众筹融资等创新业务先行先试。这一消息大大提振了低迷已久的股权众筹行业的士气。

股权众筹虽然有其优点，但企业通过股权众筹来获得融资，相当于"小IPO"，涉及公共利益和国家金融安全，在金融制度尚不健全的社会中，容易引发非法集资、网络传销、金融诈骗等安全风险，造成金融市场混乱。在我国互联网金融市场尚比较混乱、互联网金融风险专项整治仍在进行中、整个行业发展生态和配套制度还须建设完善的背景下，为了防范系统性金融风险、保护投资者以及维护社会稳定，我国对股权众筹一直持非常谨慎的态度。自从2014年证监会出台了《私募股权众筹融资管理办法（试行）》（征求意见稿），将股权众筹限定于私募股权众筹（即互联网非公开股权融资）之后，对公开股权众筹（即互联网公开股权融资）的开禁一直踌躇不前。虽然在证监会发布的2018年度立法工作计划中明确指出，力争年内出台股权众筹试点管理办法，有条件放开公开股权众筹，但该办法直到现在也没有出台。因此，市场上开展股权众筹

---

① 陈君君. 多层次资本市场与小微企业融资问题分析［J］. 当代经济，2015（15）.
② 吕劲松. 多层次资本市场体系建设［J］. 中国金融，2015（8）.

的平台必须遵守《中华人民共和国证券法》等有关规定，不得向非特定对象发行证券，向特定对象发行证券累计不得超过 200 人，非公开发行证券不得采用广告、公开劝诱和变相公开方式。这严重制约了股权众筹的发展。

为此，监管部门多次指出，需要进行股权众筹的试点工作。证监会打非局局长李至斌在"第三届（2018）中国新金融高峰论坛"上也指出，证监会正在制定完善股权众筹试点管理办法，准备先行开展股权众筹试点，建立小额投融资制度，缓解中小初创企业融资难问题，推动创新创业高质量发展。股权众筹试点工作将在履行相关程序后，稳步推进，证监会也会与立法机关尽快修订《中华人民共和国证券法》，为股权众筹留出发展空间。然而，在哪里先行试点，何时启动，却一直悬而未决。如今，借着雄安建设的东风，在雄安进行股权众筹融资的先行先试，可谓是水到渠成、恰逢其时。因为根据建设雄安的国家总体规划，需要推动一批高科技创新型企业落地雄安，而这些高科技创新型企业无一例外都有融资需求，但这些企业，尤其是一些初创企业，普遍存在融资难的问题。而设立雄安股权交易所，创新交易模式，推动股权众筹融资，依靠大众力量、民间资金推动这些高科技创新型企业的发展，这对于落户雄安的企业无疑是一个巨大的帮助和促进。

《意见》明确指出，要先行先试创新的股权众筹融资业务模式。由于现有的股权众筹融资业务模式为私募股权众筹融资模式，因而，所谓创新的股权众筹融资业务模式当然是指公开股权众筹融资模式。虽然雄安股权众筹具体的实施方案还未出台，但由于非公开与公开的业务模式各有优点，可以预计，两种业务模式都会予以保留，以便适用于不同类型的融资项目和投资者。当然，由于私募股权众筹具有非公开性，且是面向合格投资者的，有投资者人数的限制，较之普通投资者，私募投资者的资金实力与投资成熟度都更好，因而可以允许私募股权众筹的融资金额较大，即"大私募"。而公开股权众筹是面向不特定的普通投资者，即便需要对投资者的资格作出限制，但标准不能太高，否则就与互联网金融"大众参与、便利普惠"的特征相悖，不利于公开股权众筹的发展。但是，由于普通投资者的风险承受能力较低，投资成熟度不高，因而有必要对每个融资项目总的融资额以及每个普通投资者的投资金额作出限制，即"小公募"。中国人民银行等 10 部委发布的《关于促进互联网金融健康发展的指导意见》也明确提出："股权众筹融资主要是指通过互联网形式进行公开小额股权融资的活动。股权众筹融资必须通过股权众筹融资中介平台（互联网网站或其他类似的电子媒介）进行。"可见，将来的公开股权众筹必定是"小公募"。将来，我们需要对公开股权众筹和非公开股权众筹实行分类施策、区别监管。例如，对于公开股权众筹，可以规定公司在一年内募集资金应小于100万元，如果公司可以提供一定的增信手段，也可以相应提高融资额度。又如，合格投资者可以参与任何形式的股权众筹，而普通投资者则根据公民收入水平制定相应的投资限制。

哪些平台可以开展公开股权众筹融资试点？现在的政策尚未明朗。可能是由拟设立的雄安股权交易所作为试点平台，由雄安股权交易所负责股权众筹融资的公开发行，甚至在雄安股权交易所开设科技创新专板，专门用于初创型高新技术企业的股权众筹。然而，雄安股权交易所仅定位为区域性股权交易市场，虽然其可以发挥区域性股权交易市场融资和培育孵化的作用，推动科技型企业在科技创新板挂牌，拓宽科技型企业融资渠道，使企业获得更好的推动力，使区域市场更好地服务于实体经济，实现经济高质量发展，但根据《国务院办公厅关于规范发展区域性股权市场的通知》（国办发〔2017〕11号）以及《区域性股权市场监督管理试行办法》（证监会第132号令）等的规定，区域性股权交易市场是主要服务于所在省级行政区域内中小微企业的私募股权市场，除区域性股权交易市场外，地方其他各类交易场所不得组织证券发行和转让活动。因此，区域性股权交易市场开放公开股权众筹尚有制度障碍需要突破，更为重要的是，仅在区域性股权交易市场里面开放公开股权众筹，企业融资成本是否如同现在的"四板"市场一样高，其吸纳社会资金的能力是否足够强大？这些都还存在较大疑问。笔者认为，既然是试点，就应允许互联网股权众筹平台在雄安股权交易所的指导下，面向雄安境内的初创型高新技术企业从事公开股权众筹业务。当然，具体的发行条件、信息披露、资金存管、股权转让等，都需要符合雄安股权交易所的业务规则，雄安股权交易所也可以对参与股权众筹的平台实施穿透式监管，对于违规平台，雄安股权交易所可以将其逐出市场。为此，雄安股权交易所可以对股权众筹平台实行"黑白名单"制度。

第六节　构建创新型中小企业发展的市场服务体系

由于科技创新涉足高精尖新技术领域，经济与技术复杂，风险难以预测和评估，而金融部门又缺乏相应的风险识别能力和风险防范能力，因此，在科技投入方面表现出消极谨慎态度。为此，建立与之相应的风险担保、风险识别和风险评估体系，是促进科技创新的重要方面。

一、建立健全中小企业信用体系

中小企业存在先天的信用缺陷，如财务制度不健全、信息透明度低、财务信息失真等，使得外部投资者不了解中小企业或融资项目的具体信息、真实情况和真实风险，也难以掌握企业资金使用的真实情况，严重制约了中小企业融资。征信是一种直接降低融资双方信息不对称的途径，它能够促进资金供给方与中小企业的信息趋向均衡。因而，建立包括信息征集、信用评级以及信用管理等多方面内容在内的中小企业信用体系，对于建立企业诚信制度，消除企业与投资机构、政府之间的信息不对称，拓展企业信用贷款等融资渠道，帮助中小企业快速发展意义重大。①

（一）中小企业信用体系建设的路径选择

信用体系的选择与国家经济、法律密切相关，目前世界上主要有三种征信模式：美国模式、欧洲模式和日本模式。美国模式以市场为主导，完全通过市场化运作来实现整个社会信用活动的运行。该模式下，征信机构是商业化的企业主体，征信机构独立于政府之外，其提供的数据和评价是收费的。欧洲模式是一种政府驱动模式，其建立中央信贷登记系统，成立一个由政府出资、通过中央银行建立的非营利性机构。依据国家法律或决议强制个人、企业、政府部门、金融机构等涉及企业信用信息的主体定期提供信用信息。信用信息通常由商业银行和金融机构等使用者使用。政府直接参与信用信息

---

① 姜文华. 构建信用信息服务平台　打造中小企业信用体系建设新模式［J］.征信, 2010（1）.

的收集，监督、指导信用机构、信用活动，对不良信用行为进行处罚。近年来，随着市场的扩展，出现了与公共征信系统互补的私营征信机构，但由于欧洲国家注重个人信息的隐私保护，其发达程度较低。日本模式由非营利性质的银行协会向所有会员提供信用信息收集、加工、传递的平台。所有会员均属自愿参加并交纳会费，向协会提供各类信用信息，并有权向协会索取所需信息。① 概括起来，国际上征信业的发展路径可分为市场化模式和公共化模式，两种模式各有优缺点，如表8-1所示：

表8-1 中小企业信用体系市场化模式和公共化模式的优缺点

项目	市场化模式	公共化模式
机构设立	私人、法人机构	政府金融监管部门
服务目的	社会的信用需求	监管部门的信用监管
数据来源	银行、企业和个人	金融机构，如银行
优点	根据市场需求提供多样化的征信服务，主动多渠道地获取相对全面的信息，信用信息共享程度较高	规范运作，迅速形成大的规模
缺点	市场征信系统要达到有效率的规模需要较长时间，在发展初期易出现不规范行为	缺乏内在动力，信息内容和产品服务较为单一，信用信息共享的深度和广度较低

由于我国市场经济存在缺陷，完全依靠市场建立征信机构存在诸多约束，所以建立以市场化为主体，政府主要充当监督和规范作用的模式才是我国信用体系未来的发展方向。②

（二）发挥政府作用，改善信用环境

（1）完善法律法规，加强执法力度。一是出台并细化具体的征信法规。《征信业管理条例》没有具体规范中小企业信用信息如何征信，相关部门应结

---

① 李家勋，李功奎，高晓梅. 国外社会信用体系发展模式比较及启示［J］. 现代管理科学，2008（6）.

② 马文霄. 我国小微企业征信体系建设实践与改进建议［J］. 征信，2015（1）.

合中小企业特点和信息开放程度进一步细化该法规。① 二是对目前不利于信息收集的法律法规进行修改。如《中华人民共和国档案法》等法律法规限制了企业和个人征信信息的对外开放，一定程度上不利于征信数据的全面收集及信用评估，应当根据目前市场经济的要求适当修改。三是政府部门必须按市场规律管理经济，做到有法必依，执法必严，摒弃地方和部门保护主义。

（2）完善中国人民银行征信系统，协调各部门机制。根据市场经济的发展程度，借鉴国外经验，我国应继续将中国人民银行的征信系统作为整个社会信用体系的基础设施，同时使各地区的征信系统与全国征信系统实现有效对接，力争建立完善的社会信用体系。另外，各级政府应积极动员并协调相关部门，使工商、财政、税务、质监、司法等有关部门积极参与配合，联合建立数据齐全的信用信息数据库及查询便捷、透明公开的信用信息查询系统。

（3）规范中小企业征信中介机构行为。我国有各类征信机构，但对它们的规范相对滞后。我国应严格制定征信机构的市场准入制度，制定明确准则确定征信机构的定位和具体职能及行为规范，完善征信机构信用收集制度，建立统一的信用评级制度，使征信机构全方位收集中小企业真实信息，并做出合法、真实的信用评级。②

（三）加大金融机构的支持力度

（1）改变观念，提高信息征集的积极性。信用信息数据库的建立需要商业银行等金融机构的积极配合，金融机构应转变观念，充分认识中小企业信用信息的收集、整理对金融机构提高盈利水平和防范风险的重要作用，多渠道、全方位采集企业信息，专门建立针对中小企业的信用评审机制，提高信用评价的真实性。为降低成本，金融机构还应积极开发大数据最新技术，对数据进行迅速处理。

（2）建立明确的信贷支持政策体系，鼓励和引导中小企业提供真实的信用信息。中小企业的发展离不开金融机构信贷资金的支持，对外放贷又是金融机构利润的根本来源，实现金融机构和中小企业的共赢是双方追求的目标。

（3）加强与其他相关部门如工商、税务、法院等的合作，建立信息共享

---

① 徐诺金．当前我国征信体系建设需要明确的六个问题［J］．征信，2010（4）．
② 马文霄．我国小微企业征信体系建设实践与改进建议［J］．征信，2015（1）．

机制，搭建信息共享平台。目前，由工商总局发起建立的"全国企业信用信息公示系统"已经上线运行，该系统整合了各个部门所掌握的中小企业信息，但就目前的运行情况来看，企业信用信息无法及时更新，利益相关者仍然无法准确、及时地了解企业的信用信息。金融机构应及时在该系统补充完善企业信用信息，推进信息平台建设进程。

（4）强化金融机构之间的信息合作机制，在目前中国人民银行征信平台的基础上深化信息共享，构建金融机构内部的中小企业信用体系。各个金融机构各自为政是目前我国金融市场的现状，不同的金融机构所掌握的企业信用信息有所不同，但难以整合汇总。中国人民银行征信平台难以全面反映的企业的信用信息，特别是企业的软信息，更能反映中小企业的发展状况。[①]

（四）促进信用服务中介机构的市场化发展

（1）促进信用服务中介机构的成长壮大。信用服务中介机构的建立、成长，并以独立、客观和公正的职业操守立足市场，是社会信用体系建设真正实现的关键环节。建立以市场化为主体、政府担当监督和规范作用的模式是我国信用体系未来的发展方向。[②]《征信机构管理办法》明确规定民营资本进入征信业，促进中国信用体系建设走上市场化之路。金电联行的实践也说明了具有市场内在动力的第三方征信机构可以有效收集、处理信息，帮助中小企业融资。因此，我国应着重培育市场化的民营征信公司或行业征信组织，为市场提供多样化的征信服务。征信机构应根据中小企业自身的特性，全方位收集中小企业真实信息，并研究和开发适合中小企业的评价体系，做出合法、真实的信用评级。同时，我国应加快引导和培育市场对征信产品的需求，以倒逼信用体系的完善。因而，我国应在全社会范围内加大宣传，使各方认识到征信信息及信用评级的作用，挖掘征信产品的用途，积极创造征信产品需求的市场环境。

（2）发挥行业协会的信用信息传播、信用风险联防作用。行业协会是政府与市场的纽带和桥梁，各单位对行业协会的信赖程度较高。行业协会应制定中小企业信用评级行业标准，对中小企业信用评级的方法和指标设置进行

---

① 吕务超. 浅议信息不对称条件下中小企业信用体系的建设 [J]. 商，2016（2）.
② 马文霄. 我国小微企业征信体系建设实践与改进建议 [J]. 征信，2015（1）.

统一和规范。这种行业内的信用风险联防机制对于从业企业而言是一种比较有效的安全保障。

（3）创新担保业务模式，积极发挥增信作用。我国应鼓励担保机构通过引入战略投资、强强联合等方式做大做强，探索"风险投资＋担保""抱团担保"等创新业务模式，建立健全适应科技金融发展的信用担保体系。我国应进一步完善科技金融风险补偿体系，探索建立或引入专业化的不良资产管理机构，提高区内担保机构、银行机构对科技金融不良资产的处置效率，并简化程序，提高风险补偿的效率，提升担保机构从事科技金融担保业务的积极性。①

（五）推动中小企业内部信用建设

（1）培养自身信用意识。中小企业能否主动、真实地提供自身各方面的信息是中小企业信用体系建设的关键，也是决定其能否融资的关键。因此，我们需要加强中小企业对信用信息的重视程度，一方面，创造良好的信用舆论环境，借助大众传媒使企业主认识到信用信息的重要性；另一方面，增强对信用信息收益性的认识。②

（2）建立独立的信用管理部门。信用信息的收集是中小企业经营的一个关键环节，也是一项复杂的工作，应由专门的部门负责。中小企业应设立独立的信用管理部门，一方面，积累经营过程中的信用信息记录，对财务报表等硬信息进行提炼、分析、存档；另一方面，全面调查与自身往来的上下游企业和客户的资信状况，记录订单、应收应付账款等信息，加强自身交易分析能力。同时，中小企业应及时掌握国家方针政策、银行信用额度等的动态变化，随时提供、披露相应信息，积极争取信用额度。

（3）建立内部信用管理制度。企业生产每一环节如生产、销售、财务控制等的信息都需要掌握和分析，这就需要制定内部信用管理制度使其合理有序地进行。一是要建立客户调查、开发、分级等方面的档案，建立完善的客户资信管理制度。二是应建立健全应收账款管理和回收制度，在账款回收上明晰权责。这些信用信息既可用于自身防范风险，又可用于申请信贷额度。

---

① 蒋耀初. 对安徽省小微企业和农村信用体系试验区建设的调查与思考［J］. 征信，2014（10）.
② 蔡晓阳. 金融综合改革视角下的小微企业信用体系建设［J］. 金融与经济，2013（8）.

规范化的内部信用管理制度是中小企业信用管理体系得以顺利进行的基础，也是企业持续发展的潜力。[①]

二、 建立科技创新的风险担保机制

（一） 完善相关的法律法规

科技担保的发展需要立法保障，因此，有必要从宏观层面专门制定如科技担保法或中小企业促进法等法律法规，构建科技担保法律体系。鉴于我国政策性担保是科技担保的重要部分，我国需要对政策性担保的地位、组织构建、政府资金投入、经营、监管等做出相应规范；对于商业性担保，应加强行业自治的规范建设，并由银监会实施严格监管；对于互助性担保，应基于市场规则做出规范，防范欺诈等担保风险。另外，我国还有必要从具体操作层面进一步规范科技担保，以激励和监管为主，在税收、信用、风险补偿、反担保等方面为科技担保的发展创造良好的制度环境。

（二） 健全科技担保机构资金进入机制

（1） 科技担保的微利或不盈利的特征决定了其需要政府的支持，我国只有加大支持科技担保的政府财政投入，才可维护科技担保机构的稳定运营。例如，广州市番禺区通过市、区、街镇、园区四级联动共同设立专项资金，为科技担保机构提供资金支持。

（2） 放开科技担保机构的资金来源，通过国有企业的混合所有制改革，在政策性担保机构中引入民间资本，壮大政策性担保机构的实力和规模，使其可以成倍放大担保能力。

（3） 制定税收和担保物流转的优惠政策，扶持科技担保。由于科技担保机构所支持的对象风险相对较大，我国应提高科技担保机构所享受的政府保费补助和风险补偿，体现出风险和收益相匹配原则。企业可以将其拥有的专利等知识产权作为担保物质押给科技担保机构，当企业出现违约贷款，科技担保机构可以通过在技术交易市场顺利变现来补偿担保损失。

---

① 马文霄. 我国小微企业征信体系建设实践与改进建议 [J]. 征信, 2015（1）.

（三）建立融资担保风险分散机制

（1）担保能力小、抗风险能力弱是科技担保机构普遍存在的问题，因而需要政府、科技担保机构共同扩大科技担保风险准备金规模，健全担保损失补偿制度，采用保费补贴和担保损失补偿的风险分散机制。[①]

（2）由于面对银行时科技担保机构的议价能力较弱，我国应建立银行与科技担保机构的贷款风险共担机制。我国应立法确立一个大致的比例幅度，由科技担保机构与银行共同承担风险，例如，确定一个担保比例，可以上下浮动，但不能由科技担保机构承担全部的风险。

（3）确立政府、银行、再担保机构与科技担保机构共同承担风险的机制。例如，安徽省建立的"4321"担保风险分配机制，由融资担保公司、再担保公司、银行、当地政府按照4∶3∶2∶1的比例承担风险责任，撬动了更多贷款，科技担保机构的承受能力也大幅提升。

（4）建立知识产权和专利权等无形资产的产权交易市场，促进科技型中小企业价值较高的无形资产流通来分散和化解针对科技型中小企业的融资担保风险。

（四）建立科技担保机构与被担保企业的沟通平台

应采取以下措施降低科技担保机构与被担保企业之间的信息不对称程度，提高科技型中小企业融资水平：

（1）整合银行、工商、财政和税务等部门的力量，建立科技型中小企业信用档案库，并建立相应的融资信息平台及其信息发布机制，详细记录有关科技型中小企业运营、融资信用及贷款担保额度等方面的信息，有效解决科技担保信息不对称的问题，为科技担保机构向有发展潜力的科技型中小企业进行科技担保提供重要信息支持。

（2）科技型中小企业应该完善信息披露制度，加强财务会计制度，信息透明度的提高有助于科技担保机构有效分析企业的还款能力、经营能力以及投资项目的成长潜力等，减少科技担保机构与被担保企业之间的信息阻碍。

---

① 黄家俊，傅泽威. 如何完善我国科技型中小企业融资的担保体系［J］. 经济导刊，2012（3）.

（3）加强科技型中小企业无形资产的评估工作，开展无形资产抵押贷款。公正、合理地评估无形资产价值，这样科技担保机构和被担保企业才不会对无形资产价值产生较大分歧，使企业更易获得科技担保机构的青睐。

（五）创新科技担保经营模式

（1）进一步完善科技融资体系：一是设立融资再担保公司，推动建立再担保、担保联动体系；二是促进多元化担保机构的发展，通过各类融资担保机构间的合作与竞争，促进科技担保产品的创新。

（2）针对科技型中小企业不同发展阶段的不同融资需求，创新科技担保经营模式，开发担保加创投、债权换股权、期权业务等创新型融资担保品种。[①]

（3）科技型中小企业的技术改造或者科技开发所需时间较长，国家应通过立法鼓励科技担保机构提供更长期的担保。例如，国家可以针对提供长期融资担保行为制定各种税收优惠政策，以此来促进科技担保。

（4）建立科技型中小企业融资担保基金。由政府牵头成立专门针对科技型中小企业融资担保的基金，是政府扶持科技型中小企业和解决其融资难问题的重要举措。政府以财政投入作为引导基金，可以吸纳民间资本进入，进而放大基金规模，服务更多的科技型中小企业。有学者提出，可以借鉴美国的做法，要求所有的科技型中小企业在成立时从其经营成本中拿出部分资本作为担保基金的原始启动资金，以这些资金为主组成担保基金。该基金由行业协会代为管理，出资越多，今后获得的担保资金也越多。[②] 但是，缺乏运作资金一直都是科技型中小企业发展的最大瓶颈，在科技型中小企业成立之初就要求其沉淀部分启动资金而不用于研发，更将加大其资金困难，因而该做法并不值得借鉴。当然，主要以政府财政资金投入组建的担保基金的管理问题更为重要，一个较好的办法就是将其交由市场运作的主体，由该主体按照市场运作模式进行运作，并获得一定的利润，以维持担保基金的长效运转。

---

① 马秋君．我国科技型中小企业融资困境及解决对策探析［J］.科学管理研究，2013（2）.
② 王涛．构建科技型企业融资担保基金体系［J］.唯实，2016（7）.

三、　构建高科技企业的风险保障体系

科技保险是创新科技金融的重要内容，是支持科技创新型企业发展的重要举措。考虑到各地政府财力、科技发展不均衡等问题，现阶段我国科技保险比较适合采用政府主导下的商业运营模式。政府主导科技保险，广泛吸收社会上的保险公司、风险投资机构等参与发展科技保险。

（一）政府方面

现阶段科技保险的发展必须遵循政府引导与市场推动相结合的原则，作为一种准公共产品，尤其在科技保险发展的初步阶段，政府作为科技保险的主要推动者，对科技保险的发展起着不可或缺的推动作用。

1. 加强基础法规和配套制度设计

（1）在立法和司法解释上进一步明确保证科技保险的概念和适用法规，并在实践中紧跟科技创新的步伐，及时将其他险种纳入法规体系，使科技保险创新得到法律保障。

（2）规范赔付条款及免赔条款设计，合理平衡保险公司的权利和义务，避免因豁免条件设置不当而影响业务推广；引导保险公司优化内部赔付处理流程，缩短赔付进程，避免相应业务的资产质量分类和拨备水平与实际出现偏差，进一步提高银行合作的积极性；引导保险公司适度提升信用保证保险对信贷业务风险敞口的覆盖面。[①]

（3）探索政策性信用担保项下的信贷业务差异化监管政策，通过调整贷款风险权重或放宽不良贷款风险容忍度等方式，提升银行开展业务的积极性。另外，我国应根据实际适时修订《保险资金运用管理暂行办法》，允许保险资金参与创业风险投资，并明确投资条件和相应要求。[②]

2. 加强对科技保险的宣传力度

对广大科技型中小企业，政府要通过制定完善的科技保险制度及相关政策，并借助现代媒体加大宣传力度、知识普及、政策普惠，提高科技型中小

---

① 廖岷，王鑫泽. 科技金融创新：新结构与新动力［M］. 北京：中国金融出版社，2016.
② 邱兆祥，罗满景. 科技保险支持体系与科技企业发展［J］. 理论探索，2016（4）.

企业的风险意识和对科技保险的认知度，进而引导其利用科技保险这个平台加大高科技产品的研发、生产力度。在科技保险的起步阶段，我们可选取例如经济技术开发区这类具有一定经济基础、创新活动比较活跃的地区进行科技保险试点；当条件成熟后，再渐进有序地将科技保险进行推广。①

3. 加大财政扶持力度，优化补贴方式

在财政状况允许的情况下，政府应加大对科技保险的补贴力度，提高科技型中小企业参保的积极性，尽可能使科技型中小企业能够参与其中。首先，政府应设立优惠政策对科技保险双方进行支持，为开展科技保险业务的保险企业提供经营管理费用补贴，为参与科技保险的科技型中小企业提供保费补贴。其次，政府应进一步优化补贴方式，提高补贴的实际操作性。政府应出台单独的政策法规，明确规定补贴企业的条件、补贴方式、补贴标准、申请补贴的流程等；同时，政府要灵活认定科技保险补贴门槛，对一些未来发展潜力大但目前不符合认定门槛的项目可适当降低门槛。最后，在税收优惠方面，由于科技保险涉及的主管部门较多，高科技企业在获得该项优惠的过程中手续繁杂、困难重重，导致优惠措施的落实效果很不理想，因此，我国迫切需要建立科技保险工作的长效协调机制，确保各个部门配合顺畅。②

4. 构建科技保险信息交流平台

当前，科技保险相关专业知识和具体产品信息非常碎片化，我国缺少一个科技型中小企业和保险公司进行需求发布、信息共享的专门平台。因而，我国建立线上科技保险网站，及时发布相关信息，使各种信息资源在平台上分类整合十分必要。一方面，这有助于保险公司更准确地了解市场动向，及时调整经营策略，开发更加适合科技型中小企业的保险产品；另一方面，高科技企业可以通过平台了解科技保险，并根据自身需要选择适合自己的保险公司和保险产品。③

---

① 蔡青青. 科技保险支持科技型企业发展的路径与对策研究——以咸宁为例［J］. 中国商论，2015（27）.

② 王蕾，顾孟迪. 科技创新的保险支持模式：基于上海市的调研分析［J］. 科技进步与对策，2014（1）.

③ 葛竞言，王喜. 科技保险试点中存在的问题和对策分析——以浙江省为例［J］. 现代商业，2015（7）.

5. 鼓励商业保险公司参与科技保险

我国科技保险工作起步较晚，缺乏成熟的经验和充足的数据资料，使得保险公司在研发新险种并制定费率时缺乏一定的参考依据和精算基础，因此，商业保险公司在开展科技保险业务时存在诸多顾虑。面对这种情况，政府可以对积极开展科技保险业务的保险公司给予一定的优惠待遇或者一定的荣誉奖励，适当对保险公司的科技保险保费收入予以财税支持，打消保险公司的诸多顾虑，进而提高其开展科技保险的积极性。①

（二）保险公司方面

1. 明确发展思路

针对科技型中小企业的发展规律及其对保险的特殊需求，首先，保险公司要积极创新险种，掌握科技保险的出险规律，并在此基础上开发出满足高科技企业发展和创新需要的、具有实际可操作性的科技保险品种；同时，保险公司要根据变化的市场需求不断完善和健全科技保险产品体系，对原有产品进行升级和创新，尤其针对风险较高的技术，不断拓展科技保险的可保范围。其次，保险公司要收集各类科技型中小企业各发展阶段的风险数据，形成数据库，为开发新险种、厘清保险费率提供有效参考；最后，保险公司应保证在出险后及时向企业赔付，为科技型中小企业提供优质高效的服务吸引企业投保，增强自身核心竞争力。

2. 合理转移风险

目前，保险公司大多认为科技保险会成为未来利润的增长点，但由于目前缺乏合理的风险分摊机制，导致该险种的承保风险过高，因此需要在政府协助下实现风险分摊并建立损失数据库，加强科技保险风险的可控性。

一方面，可以积极设立再保险公司。综合考虑科技保险的市场状况和各种再保险形式的特点，目前科技保险业务较合适的风险分担方式为溢额再保险。这是因为，现阶段不同的科技保险业务保额相差较大，可以充分发挥溢额再保险灵活性强的优势；此外，溢额再保险还能够帮助保险公司提高获利

---

① 蔡青青. 科技保险支持科技型企业发展的路径与对策研究——以咸宁为例［J］. 中国商论，2015（27）.

能力，节省保费支出，帮助保险公司调节风险和收益的平衡。

另一方面，可以将科技保险风险证券化，开发科技保险风险证券化产品转移风险，确保科技保险持续发展。①

此外，保险公司还可以探索建立承保与投资的联动机制，允许保险资金对科技型中小企业、科研项目甚至是高科技产业园区进行投资，研究将保费支付义务作为可转换债的具体方案。即保险公司可在一定条件下将保费转化为股权，保险公司可根据自身实际建立对科技型中小企业的战略性投资或财务性投资体系，并可采取夹层基金、并购基金、不动产基金、创业投资基金、优先股投资等金融产品方式进行投资，扩宽保险公司投资收益渠道，以投资收益对冲科技保险承保风险。②

3. 规避道德风险

任何事物发展都有两面性，科技保险的飞速发展在拓展了保险公司市场的同时，也产生了一定的风险。因科技保险的产生，一些科技型中小企业一味投资高风险高收益项目，并对这些项目进行投保，由于保险公司对这些项目并不十分了解，缺乏足够的风险评估资料，形成了道德风险。为防止这种道德风险的发生，一方面，保险公司要充分完善科技保险风险评估体系，规避风险；另一方面，要对科技保险的承保模式进行创新，尝试与诚信好的科技型中小企业建立一种长期合作的战略联盟关系，避免因信息不对称造成的道德风险等问题。③ 此外，保险公司应采用浮动费率，对赔款高过一定额度的企业上浮费率，对上一年度赔款较少的企业则下浮费率。同时，保险公司应实行一定额度的免赔率，以防止企业为追求利润最大化而进行一些冒险行为。④

4. 加强与银行等金融机构的协作，强化服务意识

一方面，保险公司应加强与科技创新基金、风险投资、科技信贷、科技担保等科技金融机构的协作，从而组建一个完整的体系，共同研发和改进保

---

① 王蕾，顾孟迪. 科技创新的保险支持模式：基于上海市的调研分析 [J]. 科技进步与对策，2014（1）.

② 邱兆祥，罗满景. 科技保险支持体系与科技企业发展 [J]. 理论探索，2016（4）.

③ 蔡青青. 科技保险支持科技型企业发展的路径与对策研究——以咸宁为例 [J]. 中国商论，2015（27）.

④ 葛竞言，王喜. 科技保险试点中存在的问题和对策分析——以浙江省为例 [J]. 现代商业，2015（7）.

险产品，在合力支持科技型中小企业创新发展的同时，实现协同共赢。例如，保险公司与银行合作共同完善银保合作保险产品，完善科技型中小企业贷款保证保险、专利权等知识产权质押贷款保证保险、知识产权评估价值险等险种条款设计，同时加强保险公司与银行之间在业务受理、客户信息、授信决策、保险承保、保险理赔、贷款发放、欠款违约等方面的信息共享。[①]

另一方面，保险公司做好产品跟踪服务工作，对于有潜力的项目，保险公司可以帮助其搭建与金融机构的联系桥梁，帮助科技型中小企业取得银行信贷、科技创新基金、风险投资等资金，提高科技型中小企业投资成功率。

5. 加大科技保险人才培养力度

人才是科技保险发展的关键因素，能够为科技保险的长期稳定发展提供必要的智力支撑。保险公司应加强与其他机构如研究机构、保险中介结构等的合作，借助高校丰富的教育教学资源，与高校合作进行订单式人才培养，加大对人才的培训力度，提高科技保险专业人才水平，推动科技保险的发展。

（三）企业方面

（1）企业应转变思想，增强对内部风险的评测能力，充分认识到科技保险化解和分担风险的作用，把企业风险管理的潜在需要转变为有效需要，并结合自身实际需求寻找适合的保险产品来有效分散技术创新过程中的一系列风险。

（2）企业应充分了解政府的支持政策，积极营造条件争取得到政府保费支持，降低投保成本。

（3）企业应建立及时的反馈机制，准确及时地反馈高科技企业在科技创新过程中可能面对的风险和规避需要，以及对科技保险产品的意见，从而促进需求和供给的有效结合。

---

① 邱兆祥，罗满景. 科技保险支持体系与科技企业发展［J］. 理论探索，2016（4）.

参考文献

[1] ALESSANDRA C, STONEMAN P. Financial constraints to innovation in the UK: evidence from CIS2 and CIS3 [J]. Oxford economic papers, 2008, 60 (4).

[2] MUSIOLIK J, MARKARD J, Hekkert M. Networks and network resources in technological innovation systems: towards a conceptual framework for system building [J]. Technological forecasting and social change, 2012, 79 (6).

[3] AGHION P, HOWITT P, MAYER - FOULKES D. The effect of financial development on convergence: theory and evidence [J]. Quarterly journal of economics, 2005 (120).

[4] CANEPA A, STONEMAN P. Financial constraints to innovation in the UK: evidence from CIS2 and CIS3 [J]. Oxford economic papers, 2008 (60).

[5] HODGMAN D. Credit risk and credit rationing [J]. Quarterly journal of economics, 1960, 74 (2).

[6] STIGLITZ J, WEISS A. Informational imperfections in the capital market and macroeonomic fluctuations [J]. American economic review, 1984, 74 (2).

[7] DIAMOND M, DOUGLAS W. Reputation acquisition in debt markets [J]. Journal of political economy, 1989, 97 (4).

[8] DEWATRIPONT M, MASKIN E. Credit and efficiency in centralized and decentralized economies [J]. Review of economic studies, 1995, 62 (4).

[9] RAYMOND G. Financial structure and development [M]. New Haven: Yale University Press, 1969.

[10] SAINT - PAUL G. Technological choice, financial markets and economic development [J]. European economic review, 1992, 88 (10).

[11] STULZ R M. Financial structure, corporate finance and economic growth

［J］. International review of finance，2000，1（1）.

［12］ LUIGI B, FABIO S, ALESSANDRO S. Banks and innovation：micro – econometric evidence on Italian firms ［J］. Journal of financial economics，2008，90（2）.

［13］ WEINSTEIN D, YAFEH Y. On the costs of a bank – centered financial system：evidence from the main bank R elations in Japan ［J］. Journal of finance，1998（53）.

［14］ MORCK R, NAKAMURA M. Banks and corporate control in Japan ［J］. Journal of finance，1999（54）.

［15］ LEWIS W A. Eeonomic development with unlimited supply of labour ［J］. The Manchester school，1954.

［16］ REVILLA A J, FERNBNDEZ Z. The relation between firm size and R&U productivity in different technological regimes ［J］. Technovation，2012，32（11）.

［17］ BAGEHOT W. Lombard street：a description of the money market ［M］. Homewood：Richard D. Irwin，1873.

［18］ HYYTINENA A, TOIVANEN O. Do financial constraints hold back innovation and growth?：evidence on the role of public policy ［J］. Research policy，2005，34（9）.

［19］ HARHOFF，K. Lending relationships in Germany：empirical evidence from survey data ［J］. Journal of banking and finance，1998（22）.

［20］ 于春红. 我国高新技术企业融资体系研究 ［M］. 北京：中国经济出版社，2009.

［21］ 陈玉荣. 完善科技型中小企业融资体系研究 ［J］. 理论探讨，2009（4）.

［22］ 邹海林. 科学技术史概论 ［M］. 北京：科学出版社，2004.

［23］ 曾康霖. 金融经济学 ［M］. 成都：西南财经大学出版社，2002.

［24］ 黄达. 金融学 ［M］. 北京：中国人民大学出版社，2004.

［25］ 周昌发. 科技金融发展的保障机制 ［J］. 中国软科学，2011（3）.

［26］ 赵昌文，陈春发，唐英凯. 科技金融 ［M］. 北京：科学出版社，2009.

［27］ 房汉廷. 关于科技金融理论、实践与政策的思考 ［J］. 中国科技论

坛，2010（11）.

[28] 钱志新. 产业金融 [M]. 南京：江苏人民出版社，2010.

[29] 洪银兴. 科技金融及其培育 [J]. 经济学家，2011（6）.

[30] 薛澜，俞乔. 科技金融：理论的创新与现实的呼唤——评赵昌文等著《科技金融》一书 [J]. 经济研究，2010（7）.

[31] 陈岱孙，厉以宁. 国际金融学说史 [M]. 北京：中国金融出版社，1991.

[32] 王仁样，喻平. 金融创新理论研究综述 [J]. 经济学动态，2004（5）.

[33] 童藤. 金融创新与科技创新的耦合研究 [D]. 武汉：武汉理工大学，2013.

[34] 满玉华. 金融创新 [M]. 北京：中国人民大学出版社，2009.

[35] 张来武. 科技创新驱动经济发展方式转变 [J]. 中国软科学，2011（12）.

[36] 付家骥，姜彦福，雷家骕. 技术创新——中国企业发展之路 [M]. 北京：企业管理出版社，1992.

[37] 李文明，赵曙明，王雅林. 科技创新及其微观与宏观系统构成研究 [J]. 经济界，2006（6）.

[38] 徐建国. 以体制创新促进科技创新 [M]. 北京：中国言实出版社，2015.

[39] 汪泉，曹阳. 科技金融信用风险的识别、度量与控制 [J]. 金融论坛，2014（4）.

[40] 杨文. 科技保险发展创新研究——基于成都市科技保险试点情况 [D]. 成都：西南财经大学，2012.

[41] 刘建香. 风险投资的投融资管理及发展机制研究 [M]. 上海：上海交通大学出版社，2012.

[42] 何国杰. 风险投资引导基金研究：促进广东省风险投资基金发展的政策支持与制度保障研究 [M]. 广州：中山大学出版社，2010.

[43] 阙方平. 中国科技金融创新与政策研究 [M]. 北京：中国金融出版社，2015.

[44] 曹坤，周学仁，王轶. 财政科技支出是否有助于技术创新：一个实

证检验 [J].经济与管理研究, 2016 (4).

[45] 战昱宁, 赵玲.促进科技金融发展的财政体系研究——以杭州为例 [J].公共财政研究, 2017 (1).

[46] 麦均洪.我国多层次科技资本市场的重构与对策研究 [J].宏观经济研究, 2014 (11).

[47] 张露.多层次资本市场支持战略性新兴产业发展研究——基于深证新兴指数样本的实证 [J].财会通讯, 2016 (2).

[48] 约瑟夫·熊彼特.经济发展理论 [M].何畏, 易家详, 译.北京: 商务印书馆, 2000.

[49] 邓平.中国科技创新的金融支持研究 [D] 武汉: 武汉理工大学, 2009.

[50] 阿瑟·刘易斯.经济增长理论 [M].周师铭, 沈丙杰, 沈伯根, 译.北京: 商务印书馆, 2009.

[51] 卡萝塔·佩蕾丝.技术革命与金融资本 [M].田方萌, 译.北京: 中国人民大学出版社, 2007.

[52] 谈儒勇.法与金融: 文献综述及研究展望 [J].上海财经大学学报, 2005 (5).

[53] 罗伯特·M.索洛.经济增长理论: 一种解说 [M].朱保华, 译.上海: 格致出版社, 2015.

[54] 黄国平, 孔欣欣.金融促进科技创新政策和制度分析 [J].中国软科学, 2009 (2).

[55] 李星.论金融创新的法律监管——在效率与安全之间均衡 [J].金融法学家, 2010 (2).

[56] 崔兵.政府在科技金融发展中的作用: 理论与中国经验 [J].中共中央党校学报, 2013 (4).

[57] 饶彩霞, 唐五湘, 周飞跃.我国科技金融政策的分析与体系构建 [J].科技管理研究, 2013 (20).

[58] 封北麟, 何利辉.我国财税支持科技金融发展政策研究 [J].宏观经济管理, 2014 (4).

[59] 缪因知.法律如何影响金融: 自法系渊源的视角 [J].华东政法大

学学报，2015（1）.

[60] 梁莱歆，官小春．智力资本计量方法综述——兼论高科技企业智力资本的计量［J］.科学学与科学技术管理，2004，25（4）.

[61] 江猛．我国科技型中小企业融资难的现状及对策探讨［J］.北京金融评论，2014（2）.

[62] 林毅夫，李永军．中小金融机构发展与中小企业融资［J］.经济研究，2001（1）.

[63] 李扬，杨益群．中小企业融资与银行［M］.上海：上海财经大学出版社，2001.

[64] 王竞天．中小企业创新与融资［M］.上海：上海财经大学出版社，2001.

[65] 马方方．中国民营经济融资困境与金融制度创新［J］.经济界，2001（3）.

[66] 周兆生．中小企业融资的制度分析［J］.财经问题研究，2003（5）.

[67] 李娟．政府扶持体系与中小企业融资问题［J］.特区经济，2006（2）.

[68] 伊恩·罗伯逊．社会学：上册［M］.黄育馥，译．北京：商务印书馆，1990.

[69] 庞德．通过法律的社会控制——法律的任务［M］.沈宗灵，董世忠，译．北京：商务印书馆，1984.

[70] 王震．社会调控视野中法律与道德作用机制研究［J］.河北师范大学学报（哲学社会科学版），2016（3）.

[71] 易本钰．论转型期我国社会利益冲突的法律控制［J］.南昌大学学报（人社版），2004（1）.

[72] 赵震江．法律社会学［M］.北京：北京大学出版社，1998.

[73] 顾培东．社会冲突与诉讼机制［M］.成都：四川人民出版社，1991.

[74] 郑杭生．转型中的中国社会和中国社会的转型［M］.北京：首都师范大学出版社，1995.

［75］彼得·斯坦，约翰·香德．西方社会的法律价值［M］．王献平，译．北京：中国人民公安大学出版社，1989.

［76］E·A.罗斯．社会调控［M］．秦志勇，毛永政，译．北京：华夏出版社，1989。

［77］郑也夫．代价论——一个社会学的视角［M］．北京：生活·读书·新知三联书店，1996.

［78］张永萍．金融宏观调控法律制度完善［J］．人民论坛，2015（8）．

［79］袁忍强．金融危机背景下的金融监管及其发展趋势：金融法的现在和未来［J］．法学杂志，2012（7）．

［80］刘丹冰．金融创新与法律制度演进关系探讨［J］．法学杂志，2013（5）．

［81］阳建勋．法律变革、金融创新与风险防范——以《物权法》为中心［J］．财经科学，2007（12）．

［82］蔡奕．法制变革与金融创新——兼评《证券法》、《公司法》修改实施后的金融创新法制环境［J］．中国金融，2006（1）．

［83］王广谦．经济发展中金融的贡献与效率［M］．北京：中国人民大学出版社，1997.

［84］田春雷．金融资源公平配置与金融监管法律制度的完善［J］．法学杂志，2012（4）．

［85］喻少如．科技金融法律制度建设刍议［J］．法治与经济（上旬刊），2012（12）．

［86］臧景范．金融安全论［M］．北京：中国金融出版社，2001：

［87］曹建明．金融安全与法制建设［J］．法学，1998（8）．

［88］吴竞择．金融外部性与金融制度创新［M］．北京：经济管理出版社，2003.

［89］布坎南．自由市场与国家［M］．北京：北京经济学院出版社，1989.

［90］齐延平．法的公平与效率价值论［J］．山东大学学报（哲学社会科学版），1996（1）．

［91］王曙光．金融自由化与经济发展［M］．北京：北京大学出版

社，2003.

[92] 刘嵩一．银行安全与效率的法制研究［D］．长春：吉林大学，2006.

[93] 袁红林．完善中小企业政策支持体系研究［M］．大连：东北财经大学出版社，2010.

[94] 陈俊．自主创新与立法保障：比较与借鉴［M］．上海：复旦大学出版社，2009.

[95] 阮铮．美国中小企业金融支持研究［M］．北京：中国金融出版社，2008.

[96] 张晖．美国韩国科技金融支持体系给我国的启示［J］．上海企业，2016（2）．

[97] 邵华．美国金融支持科技创新的经验及启示［J］．商业时代，2014（28）．

[98] 胡新丽，吴开松．光谷与硅谷：科技金融模式创新借鉴及路径选择［J］．科技进步与对策，2014（5）．

[99] 段金龙．科技创新的公共金融支持研究［D］．哈尔滨：哈尔滨工程大学，2016.

[100] 鄢梦萱．中小企业间接融资的法律问题研究［M］．北京．法律出版社，2008.

[101] 范肇臻．日本中小企业金融支持模式及特点［J］．现代日本经济，2009（3）．

[102] 翟立宏，谢锋．中小企业发展的金融支持：日本的经验与启示［J］．经济问题，2004（2）．

[103] 许超．我国科技金融发展与国际经验借鉴——以日本、德国、以色列为例［J］．国际金融，2017（1）．

[104] 金珊珊，雷鸣．日本科技创新金融支持体系的发展模式及启示［J］．长春大学学报，2013（9）．

[105] 赵茂．我国金融发展对阶段性技术创新的作用机制研究［D］．昆明：云南大学，2017.

[106] 黄灿，许金花．日本、德国科技金融结合机制研究［J］．南方金

融，2014（10）.

［107］王遥.2016 广东省科技金融发展报告［M］.广州：暨南大学出版社，2016.

［108］李善民，许金花.科技金融：理论、实践与案例——兼论广东科技金融结合的机制与对策［M］.北京：中国经济出版社，2015.

［109］陈玉佩.我国财政科技投入存在的现状、问题及对策［J］.科技创新与应用，2016（29）.

［110］陆岷峰，汪祖刚.关于发展科技金融的创新策略研究［J］.西部金融，2012（5）.

［111］李善民，陈勋，许金花.科技金融结合的国际模式及其对中国启示［J］.中国市场，2019（5）.

［112］何剑，李玲芳.科技金融支持创新型企业发展的国际经验及对中国的启示［J］.金融发展评论，2015（9）.

［113］沈彦菁.科技金融发展的模式探讨和路径研究［J］.浙江金融，2019（3）.

［114］张明喜，魏世杰，朱欣乐.科技金融：从概念到理论体系构建［J］.中国软科学，2018（4）.

［115］文杰.美国和日本科技金融发展经验及启示［J］.财经界，2018（11）.

［116］和瑞亚.科技金融资源配置机制与效率研究［D］.哈尔滨：哈尔滨工程大学，2014.

［117］张明喜，郭滕达，张俊芳.科技金融发展 40 年：基于演化视角的分析［J］.中国软科学，2019（3）.

［118］姚瑞平.美国支持中小科技企业创新的财税金融政策研究［J］.经济纵横，2011（7）.

［119］张兴旺，陈希敏.国内外科技金融创新发展模式比较研究［J］.科学管理研究，2017（5）.

［120］顾峰.国内外科技金融服务体系的经验借鉴［J］.江苏科技信息，2011（4）.

［121］张明喜.再论财政科技经费投入方式创新［J］.科技管理研究，

2016（5）.

[122] 王建刚. 我国中小微企业信用体系建设模式比较及优化研究 [J]. 西南金融，2016（2）.

[123] 蒋耀初. 关于中小企业信用体系建设情况的调查与思考 [J]. 征信，2010（1）.

[124] 李春磊，王颖驰. 关于我国中小企业信用体系若干问题的研究 [J]. 商场现代化，2016（4）.

[125] 任松海. 我国中小企业信用体系建设改进思路及对策 [J]. 征信，2016（9）.

[126] 张翔. 从国际经验比较看我国中小企业信用担保体系发展的路径选择 [J]. 金融理论与实践，2011（9）.

[127] 王华兰. 科技银行服务中小企业创新升级的实践与探索——以天安科技支行为例 [J]. 中国商论，2016（8）.

[128] 朱建芳，印梅. 我国科技银行发展研究 [J]. 合作经济与科技，2016（8）.

[129] 宋光辉，王成，董永琦. 基于社会资本理论的科技型中小企业互助联合担保模式研究——以广东省为例 [J]. 金融发展研究，2016（4）.

[130] 曹凤岐. 建立和健全中小企业信用担保体系 [J]. 金融研究，2001（5）.

[131] 王素莲. 论中小企业信用担保体系的组织取向 [J]. 当代经济研究，2005（1）.

[132] 钟田丽，孟晞，秦捷. 微小型企业互助担保运行机制与模式设计 [J]. 中国软科学，2011（10）.

[133] 邵磊. 山东省金融支持科技创新研究 [D]. 重庆：西南大学，2017.

[134] 洪偌馨，夏心愉. 多重困境之下更多民营融资担保主动退场[N]. 第一财经日报，2014 - 10 - 28.

[135] 邸云娇，乔宏，刘秀爽，等. 科技型中小企业融资担保体系的建立和完善 [J]. 现代经济信息，2016（4）.

[136] 李海峰. 商业银行与担保机构合作的风险控制 [J]. 中国金融，

2011 （23）.

[137] 戚鹏，辛献杰，郭艳. 我国科技保险发展研究 ［J］. 现代经济信息，2015 （11）.

[138] 段文军. 武汉市科技保险发展问题及其对策分析 ［J］. 科技创业月刊，2016 （12）.

[139] 蔡青青. 科技保险支持科技型企业发展的路径与对策研究——以咸宁为例 ［J］. 中国商论，2015 （27）.

[140] 赵杨，吕文栋. 科技保险试点三年来的现状、问题和对策——基于北京、上海、天津、重庆四个直辖市的调查分析 ［J］. 科学决策，2011 （12）.

[141] 武欣博. 我国创业风险投资现状及对策研究 ［J］. 现代经济信息，2015 （5）.

[142] 陈君君. 多层次资本市场与小微企业融资问题分析 ［J］. 当代经济，2015 （15）.

[143] 于鹏，王晓婷. 促进北京地区科技企业利用多层次资本市场的建议 ［J］. 中国财政，2016 （16）.

[144] 吕劲松. 多层次资本市场体系建设 ［J］. 中国金融，2015 （8）.

[145] 汤汇浩. 科技金融创新中的风险与政府对策 ［J］. 科技进步与对策，2012 （6）.

[146] 王仁祥，李雯婧. 科技创新因素耦合对科技金融风险的影响分析 ［J］. 财会月刊，2016 （32）.

[147] 张博特，王帅. 科技金融创新的理论探讨 ［J］. 科学管理研究，2014 （6）.

[148] 曹坤，周学仁，王轶. 财政科技支出是否有助于技术创新：一个实证检验 ［J］. 经济与管理研究，2016 （4）.

[149] 姜文华. 构建信用信息服务平台　打造中小企业信用体系建设新模式 ［J］. 征信，2010 （1）.

[150] 李家勋，李功奎，高晓梅. 国外社会信用体系发展模式比较及启示 ［J］. 现代管理科学，2008 （6）.

[151] 马文霄. 我国小微企业征信体系建设实践与改进建议 ［J］. 征信，

2015（1）.

　　［152］徐诺金．当前我国征信体系建设需要明确的六个问题［J］.征信，2010（4）.

　　［153］杨慧宇．信息、信任及其来源：论转型期我国征信体系建设的社会文化基础［J］.征信，2011（6）.

　　［154］吕务超．浅议信息不对称条件下中小企业信用体系的建设［J］.商，2016（2）.

　　［155］蒋耀初．对安徽省小微企业和农村信用体系试验区建设的调查与思考［J］.征信，2014（10）.

　　［156］蔡晓阳．金融综合改革视角下的小微企业信用体系建设［J］.金融与经济，2013（8）.

　　［157］秦军．科技型中小企业自主创新的金融支持体系研究［J］.科研管理，2011（1）.

　　［158］黄家俊，傅泽威．如何完善我国科技型中小企业融资的担保体系［J］.经济导刊，2012（3）.

　　［159］马秋君．我国科技型中小企业融资困境及解决对策探析［J］.科学管理研究，2013（2）.

　　［160］王涛．构建科技型企业融资担保基金体系［J］.唯实，2016（7）.

　　［161］廖岷，王鑫泽．科技金融创新：新结构与新动力［M］.北京：中国金融出版社，2016.

　　［162］邱兆祥，罗满景．科技保险支持体系与科技企业发展［J］.理论探索，2016（4）.

　　［163］王彤彤．金融结构与科技创新的互动机制和作用效果：基于美国和德国的经验研究［D］.杭州：浙江大学，2018.

　　［164］王蕾，顾孟迪．科技创新的保险支持模式：基于上海市的调研分析［J］.科技进步与对策，2014（1）.

　　［165］葛竞言，王喜．科技保险试点中存在的问题和对策分析——以浙江省为例［J］.现代商业，2015（7）.

　　［166］刘复军．我国创业风险投资运行机制分析［J］.时代金融，2015（4）.

［167］肖青松．创业投资的退出风险研究［J］.知识经济，2015（12）．

［168］许兴．我国创业风险投资发展现状与政策建议［J］.中外企业家，2017（1）．

［169］魏江林．探究科技金融的定义、内涵与实践［J］.智库时代，2018（43）．

［170］韦茜．基于中小企业融资难题的多层次资本市场体系建设［J］.经济研究导刊，2017（3）．

［171］李松涛，董樑，余筱箭．技术创新模式与金融体系模式的互动选择［J］.科技进步与对策，2002，19（7）．

［172］吕光明，吕姗姗．我国技术创新金融支持的模式分析与政策选择［J］.投资研究，2005（12）．

［173］辜胜阻，洪群联，张翔．论构建支持自主创新的多层次资本市场［J］.中国软科学，2007（8）．

［174］李坤，孙亮．开发性金融理论发展与实践创新研究：从解决企业融资瓶颈的角度［J］.北方经贸，2007（10）．

［175］李志辉，李萌．中小企业融资的开发性金融支持（DFS）模式分析［J］.南开经济研究，2007（1）．

［176］李悦．产业技术进步与金融的市场化趋势：基于银行与市场功能比较的分析［J］.中央财经大学学报，2008（2）．

［177］郑婧渊．我国高科技产业发展的金融支持研究［J］.科学管理研究，2009，27（5）．

［178］凌江怀，李颖，王春超．金融对科技创新的影响及其支持路径［J］.江西社会科学，2009（7）．

［179］刘玉忠．加强科技与金融结合的思考［J］.河南金融管理干部学院学报，2003（4）．

［180］姚战琪，夏杰长．促进现代金融服务业与科技进步的融合与互动［J］.上海金融，2007（3）．

［181］王伟志．电子商务下的证券业金融创新研究［D］.广州：暨南大学，2007.

［182］鲍钦．论商业银行科技创新与金融市场业务创新的关系［J］.北

京市工会干部学院学报，2008（4）．

[183] 曹东勃，秦茗．金融创新与技术创新的耦合——兼论金融危机的深层根源 [J]．财经科学，2009（1）．

[184] 彭风，马光悌．技术创新在证券金融服务中发挥越来越重要的作用 [J]．中国科技投资，2011（5）．

[185] 段世德，徐璇．科技金融支撑战略性新兴产业发展研究 [J]．科技进步与对策，2011（14）．

[186] 黄刚，蔡幸．开发性金融对广西高新技术企业融资支持模式初探 [J]．改革与战略，2006（5）．

[187] 周新玲．科技型中小企业自主创新融资机制研究 [J]．经济问题，2006（9）．

[188] 王华．发展政策性金融有待解决的三大难题 [J]．中央财经大学学报，2007（12）．

[189] 刘曼红.2002 年国际风险投资回顾与展望 [J]．中国创业投资与高科技，2006（9）．

[190] 邵兴忠．中小企业融资难与银行信贷体制比较分析 [J]．金融理论与实践，2004（5）．

[191] 汤继强．科技型中小企业梯形融资模式研究 [J]．中共成都市委党校学报，2008（3）．

[192] 谭海燕．信用保证保险解决贵州省小微企业融资难的可行性研究 [D]．贵州：贵州财经大学，2014.

[193] 杨侦．科技创业企业投融资的方法和途径 [J]．科技创业月刊，2014（12）．

[194] 冯雷．我国信用担保体系对中小企业融资影响分析 [J]．征信，2015（3）．

后　记

　　本书是暨南大学金融研究所刘少波教授主持的国家社科基金项目"资本市场支持创新与金融供给侧结构性改革研究"（项目编号：18BJY242）的阶段性研究成果。笔者在本书的写作过程中参阅和借鉴了大量国内外专家学者的研究成果，在此谨向这些专家学者致以诚挚的谢意。同时，笔者在本书的写作过程中，得到了单位领导和同事的关心、支持和帮助，在此谨致谢忱。此外，还要感谢暨南大学出版社曾鑫华女士为本书出版所付出的辛勤劳动。虽尽了最大努力，但囿于科技金融研究涉及面众多以及笔者水平的局限，错误和不足之处在所难免。书中的观点能否立得住、提出的建议是否行得通，恳请学界前辈和同仁不吝赐教。

黄文青

2020 年 4 月